사랑받는 카페에는 이유가 있다 ◆ 우리가 좋아하는
커피 공간

사랑받는 카페에는 이유가 있다 ◆ # 우리가 좋아하는
커피 공간

박지안 지음

180 Coffee Roasters

Gray Gristmill

Leesarcoffee

liike coffee

MOMOS COFFEE

Bamaself

SIGNATURE ROASTERS

C.through

imi coffee roasters

Caffe Themselves

COFFEE GRAFFITI

Koffee Sniffer

TXT Coffee

FOURB BRIGHT

마음

커피와 커피를 둘러싼 공간을 좋아한다. 바쁜 일과 중, 틈틈이 마시는 커피는 지친 하루에 생기를 불어넣기 때문이다. 나는 부동산 회사에서 건물을 분석하는 일을 하고 있다. 여느 때처럼 건물을 분석하던 어느 날 문득 깨달았다. 나뿐만 아니라 많은 사람들의 발걸음이 카페로 향한다는 것을. 카페는 우리 일상에 밀접하게 스며들었고, 단순한 편의시설을 넘어 특정 건물과 지역을 설명해주는 브랜딩 요소로 자리매김했다. 멋진 카페는 건물에 활기를 띠게 했고, 황량했던 거리에 생기를 더해주었다.

다만 모든 카페가 그런 것은 아니었다. 건물과 거리를 살리는 카페와 그렇지 못한 곳들을 보며 궁금해졌다. 사랑받는 카페에는 어떤 비결이 있을까? 그래서 관찰하기 시작했다. 카페에 들렀을 때 느낀 인상적인 부분과 감동했던 포인트를 틈틈이 기록했다. 인스타그램에 올리기 시작했던 글들은 좋은 기회로 매일경제 컨슈머 저널에 실리게 되었고, 2019년 11월부터 2020년 6월까지 연재한 글들을 모아 책으로 출간하게 되었다.

책에서는 4가지 카테고리로 14곳의 카페를 선별해 소개했다.

커피 생두가 산지에서 수입되고, 한잔의 커피로 소비자에게 전달되기까지의 과정을 생각하며 다음과 같이 분류해보았다. 1 생두 수입 2 로스팅 3 바리스타 서브 4 시그니처(창작 메뉴). 주력하는 카테고리에 따라 각 카페들의 콘셉트, 운영 철학, 고객과의 소통 방식은 차이를 보였다. 사랑받는 카페가 되기 위해서는 '획일적인 정답'이 있는 것은 아니었다. 각자의 강점에 따라, 어울리는 입지, 필요한 직원 수, 적정한 커피 가격이 모두 달랐다. 한 곳 한 곳 찬찬히 살펴보고, 궁금한 내용은 대표님들과의 대화를 통해 풀어나가며 일기처럼 편안하게 기록했다. 또한 입지와 주변 물가를 분석한 별지를 통해, 14곳의 카페가 소비자의 수요에 어떻게 부합했는지 수치를 통해 살펴보려 했다.

책이 나올 수 있도록 도움을 주신 많은 분께 감사를 전하고 싶다. 모든 분께 감사를 드리지만, 주말마다 동행해준 가족들 덕분에 글을 잘 마무리할 수 있었다. 매일경제 컨슈머 저널에 실릴 수 있도록 도움을 주신 유통경제부 김기정 차장님 SPI, 김정은 대표님께도 감사를 전한다.

Contents

입지

호젓한 호수가 있는 율동공원 인근,
카페촌에 위치.

공간

지하 1층은 로스터리로, 1층은 커피를
제조하는 곳으로, 2층은 손님들이 편안히
커피를 즐기는 곳으로 '서로의 공간'을 분리.

개성

대표와 직원이 서로를 배려하며 새로운
프로젝트들에 도전하고 끊임없이 실력을
갈고 닦는 곳.

구성원이 한마음으로 만들어 가는 카페
180커피로스터스

"이 공간에서 일하는 친구들이
직장은 힘든 곳이라는 생각을 바꿔,
재미있게 일하며 성장했으면 해요.
놀이터 같은 직장이랄까요. 그래서 보다 오래
함께 일하고 싶은 곳이 되기를 바라요."

180Coffee Roasters

2020년 초, 코로나19라는 예기치 못한 바이러스의 확산은 많은 사람들을 고통스럽게 했고, 사태의 장기화는 산업 전반을 위태롭게 만들었다. 위기가 다가올 때, 우리는 무엇에 가장 집중해야 할까? 한 다국적 컨설팅 기업 조사에 따르면 위기 상황에서 경영자와 직원의 고민은 사뭇 다르다고 한다. 경영인들은 구조조정과 원가절감에 집중하는 반면, 시장이 원하는 역량을 가진 직원과 고성과자는 이직을 고려한다. 위기 상황에서 리더는 구조조정을 통해 우수 인력만 남기려고 하지만, 정작 그 우수 인력은 배를 갈아타려고 한다는 이야기가 많은 생각을 하게 했다.

예기치 못한 폭풍으로 주변의 상황이 악화될 때 하나의 마음으로 서로가 나아가기 위해서는 무엇이 필요할까? 의문에 대한 실마리로 문득 한 곳이 떠올랐다. 분당에 위치한 로스팅 컴퍼니, 180커피로스터스였다.

2019년 서울카페쇼* 참관 당시, 성남 지역 카페들이 모여 있는 부스에 유난히 즐거워 보이는 사람들이 있었다. 하와이안 티셔

츠를 입고 있던 직원은 연신 싱글벙글한 웃음을 보이며 이것저것 구경하고 있는 나에게 말을 걸었다.

> "이 커피는 조금 재미난 커피예요. 좋은 커피를 만들기 위해 현지 농장 주와 함께 고민했고, 그들이 수확한 커피를 저희가 제안한 방식으로 가공했죠. 그렇게 함께 고민한 커피를 한국에 들여와서 가장 알맞은 방법으로 로스팅했어요."

그는 이 프로젝트를 리버스 프로젝트라고 소개했다. 이미 가공 완료한 생두를 수입하는 것이 아니라 '리버스reverse'라는 뜻처럼 공정의 순서를 뒤집어 로스팅 회사의 의견을 반영했다고 했다. 한국의 로스팅 회사가 직접 공정에 참여해 만든 커피라니! 생두를

● **서울카페쇼**Seoul Cafe Show 매년 11월 코엑스에서 개최되는 아시아 최대 규모의 커피 전문 전시회

1

2   3

1   커피바 맞은편 선반에 자리한 180커피로스터스의 원두들

2   로스팅 챔피언을 비롯한 각종 수상 트로피들

3   2층에 마련된 편안한 분위기의 좌석

로스팅하는 것에 그치지 않고, 가공 단계부터 직접 참여한다는 것이 신선했다. 가격은 조금 비쌌지만, 큰맘 먹고 구입해 지인에게 선물했다. 커피 업계에 종사하던 지인은 정말 맛있는 커피를 받았다며 연신 고마워했다.

쉽지 않았던 도전을 설명하는 직원은 2017년 한국 로스팅 챔피언십KCRC, Korea Coffee Roasting Championship 챔피언인 180커피로스터스의 주성현 로스터였다. 그의 눈빛은 빛났고 시종일관 즐거워 보였다. 알고 보니 180커피로스터스는 대표님도 로스팅 챔피언, 직원도 로스팅 챔피언, 그리고 또 다른 직원은 사이포니스트 챔피언이라 했다. 한 카페에 챔피언이 세 명이나 있다는 것도 놀라웠지만, 그들이 모두 이곳에서 훈련하며 챔피언이 되었다는 사실은 더욱 인상적이었다. 새로운 것에 끊임없이 도전하며 대표와 직원이 함께 발전해나가는 180커피로스터스의 저력이 궁금했다.

그렇게 호기심을 이기지 못하고 어머니와 함께 분당으로 향했다. 180커피로스터스는 호젓한 카페들이 많이 몰려 있는 율동공원 앞에 위치해 있었다. 커다란 건물이 세 개 층으로 나누어져 있었는데, 지하는 로스팅 랩, 1층은 커피바, 2층은 손님들의 공간이었다. 일반적으로 주문이 이루어지고 커피를 제조하는 층에도 손님들이 앉아서 마실 수 있는 좌석을 많이 배치하는데, 이곳은 그렇지 않았다. 1층은 손님이 음료를 기다리며 잠시 앉을 공간만 최소한으로 남겨두었고, 대부분의 좌석은 2층에 배치했다. 왜 1층에 좌석이 많지 않은지 이승진 대표에게 물었다.

"저는 많은 손님이 바라보는 가운데서 일을 하기가 쉽지 않더라고요. 바리스타들이 스트레스를 최대한 덜 받았으면 했죠. 손님들도 업무를 하는 직원들의 눈치를 보지 않고 편하게 이곳에서 머무셨으면 했고요. 그래서 서로의 공간을 분리했어요. 1층은 일하는 직원들을 배려한 공간, 2층은 손님들이 커피를 즐길 수 있는 공간으로 만들었어요. 지하는 로스팅을 연구하는 랩실이기에 온전히 로스팅 공간으로 마련했고요."

직원을 배려하기 위해 매장의 면적을 줄였다니! 이야기를 나눌수록 흥미로웠다. 매출만 생각한다면, 1층에 좀 더 많은 좌석을 뒤도 됐을 텐데. 눈앞의 이익보다는 로스팅과 제조 과정에 집중하며 좋은 커피를 만들겠다는 마음이 느껴졌다. 확실히 이곳은 일반적인 카페이기보다 로스팅 회사에 가까운 곳이었다. 내친김에 로스팅룸을 살펴보기로 했고, 이 대표의 안내를 받아 지하로 들어선 순간 깜짝 놀랐다. 열 대가 넘는 서로 다른 로스팅 기계들이 지하 공간을 채우고 있었기 때문이었다.

"저희는 이곳을 연구실처럼 사용하고 있어요. 각 기계들이 가지고 있는 개성이 다르고, 표현하는 방법도 다르죠. 그래서 때에 따라 필요한 기계들로 원두의 특성에 맞춰 알맞게 로스팅을 해요."

어떤 원두든지 훌륭하게 로스팅해낸다는 점이 180커피로스터스의 강점이라 말하던 지인의 이야기가 떠올랐다. 원두마다 장단점이 다른데, 이를 살펴 부족한 부분은 보완하고 장점은 최대로 끌어낸다던 그의 말이 이제서야 이해되기 시작했다. 로스터 하나만 해도 속성을 이해하고 활용하기 쉽지 않은데, 열 대가 넘는 기

우리가 좋아하는 커피 공간

	2
1	
	3

1 사이포니스트 챔피언 김정현 바리스타가
   사이폰 커피를 추출하는 모습

2 에스프레소를 추출하는 모습

3 항아리 티라미수, 카페라떼, 아메리카노

계의 특성을 이해하고 사용하는 모습을 보면서 더 나은 커피를 위해 부단히 노력하는 이들의 모습이 오랫동안 마음에 남았다.

1층으로 올라오는 길, 새로 출시되었다는 캔이 눈에 띄었다. 맥주 캔처럼 생긴 것이 무엇인가 살펴보니 성남의 카페 네 곳이 합심하여 진행한 '캔커피 프로젝트'라고 했다. 180커피로스터스는 디카페인 커피를, 타 업체들은 니트로커피* 등을 만들어 서로의 다양한 제품을 한 패키지로 묶었다고 했다. 180커피로스터스가 제조한 디카페인 커피를 마셔보았다. 과테말라와 콜롬비아 디카페인 원두가 반씩 들어간 커피는 매우 맛있었다. 달지 않은 맥콜 같다고 해야 하나? 구수하면서 톡 쏘는 반전이 매력적인 커피였다. 디카페인 커피는 밍밍하고 맛이 없다는 편견을 지워주고 있었다.

신제품 개발에 도전하는 것도 좋지만, 도전만큼 회사가 짊어져야 할 리스크도 많았을 터. 180커피로스터스는 어떻게 그 문제를 풀어나갔을까?

"사실 일반 커피 로스팅 회사가 다양한 시도를 하기는 쉽지 않아요. 성공하지 못했을 때 비용 부담도 크고요. 그래서 이곳 성남에 있는 것이 도움이 돼요. 성남시는 중소기업들이 프로젝트를 기획하고 여러 도전을 하는 데, 많은 지원을 해주거든요. 이 캔커피 프로젝트도 성남시의 지원 덕분에 부담 없이 도전할 수 있었어요."

● **니트로 커피**nitro coffee 산화를 방지하고 부드러운 맛을 더하기 위해 질소를 주입한 커피를 니트로 커피, 혹은 질소커피라고 한다.

로스팅룸을 함께 걸어 나오며 이 대표와 이런저런 이야기를 더 나누었다. 왜 커피를 하게 되었고 어떤 커피를 하고 싶냐는 질문에 이 대표는 싱긋 웃더니 망설임 없이 대답했다.

"제가 정말 좋아하는 일을 하고 싶어서 커피를 시작했어요. 그전에는 시각디자인 일을 했는데 매일 밤을 새워야만 하는 근무 환경, 클라이언트의 의도에 맞춰 결과물을 만들어내는 상황들이 힘들었거든요. 그래서 180커피로스터스를 오픈할 때, 가게 이름에 '180° 사고의 전환'이라는 뜻을 담았어요. 저는 이 공간에서 일하는 친구들이 직장은 힘든 곳이라는 생각을 바꿔, 재미있게 일하며 성장했으면 해요. 놀이터 같은 직장이랄까요? 그래서 보다 오래 함께 일하고 싶은 곳이 되기를 바라요. 끊임없이 새로운 도전을 하며 즐겁게 프로젝트들을 시도하는 이유이기도 하고요."

즐겁게 이야기를 나누다 마음속 깊은 곳에 있는 마지막 질문을 건넸다.

"이곳에는 챔피언들이 많은데, 비결이 뭐예요?"
"글쎄요. 사실 대회라는 것이 참 어려워요. 준비하면서 친구들이 많은 스트레스를 받기도 하고요. 그래서 저는 스트레스가 심하면 나가지 말라고 이야기하곤 해요. 실제로 저희가 매번 대회에 나갈 때마다 챔피언이 되었던 것은 아니고요. 굳이 비결을 생각해본다면, 대회에서 실패했을 때 직원들 모두가 함께 원인을 분석하고 차근차근 보완하던 것이 도움이 된 것 같아요. 고민을 함께하다 보면 중요한 포인트를 잘 찾게 되거든요."

꾸준히 새로운 프로젝트를 시도하고, 직원들은 실력을 갈고 닦는 곳. 180커피로스터스는 그래서 매력적인 곳이었다. 커피와 항아리 티라미수를 주문해 2층으로 올라가 오랜 시간 기다려주신 어머니와 맛있게 먹은 후 내려왔다. 내려오는 길목, 어머니께 이곳의 어떤 점이 좋으셨는지 물었다.

"글쎄, 나는 잘 모르지만 이곳은 요즘 인기 있는 인스타그래머블한 공간은 아닌 것 같아. 그런데 인테리어는 화려하지 않아도 직원들의 애정이 곳곳에 묻어 있어서 좋더라."

어떤 부분에서, 직원들의 애정을 발견하신 것인지 의아해하는 내게 어머니는 웃으며 대답했다.

"2층에 작은 조각품들이 많이 진열되어 있었어. 그게 하루만 꼼꼼히 닦지 않으면 먼지가 엄청나게 쌓이거든. 그런데 가서 보니까 먼지 하나 없이 깨끗한 거야. 말을 안 해도 직원들이 묵묵히 '내 가게처럼' 쓸고 닦고 있는 거였지. 보이지 않는 곳까지 직원들이 애쓰게 하기는 정말 쉽지 않은데 그 모습이 참 인상적이었어."

대표는 직원을 배려하고 그 마음을 아는 직원은 내 가게처럼 일하는 공간. 180커피로스터스는 경영인과 직원이 한마음으로 일하는 곳이었다. 돌아오는 길목, 서로가 한마음으로 나아가겠다는 운영 철학이 확고한 이곳만큼은 위기가 와도 어려운 시간을 잘 버텨낼 수 있을 것 같다는 생각이 들었다.

Insight

분당 율동공원에 자리 잡은 로스터리, 180커피로스터스

🏠 경기 성남시 분당구 문정로144번길 4

📷 @180coffeeroatsers_official

특별한 날 찾는 율동푸드파크

율동공원 내에 자리해 있는 율동푸드파크는 탁 트인 자연을 느끼며 특색 있는
식사를 즐기고 싶은 날, 주로 차를 타고 방문하는 지역이다. 주말 나들이나 저
녁 외식 등의 목적을 갖고 찾게 되는 지역적 특성을 고려할 때, 식당과 카페들
의 가격대가 일상적인 권역과 대비해 높은 편에 속한다.

동네 평균 대비 합리적인 가격대의 로스터리 카페

180커피로스터스 인근 음식점들의 평균 식사 가격은 13,600원 수준으로, 한
정식이나 파스타와 같은 메뉴들의 분포도가 높다. 인근 카페의 기본 음료는 식
사 가격의 40%인 5,400원 정도에 형성되어 있다. 일반적으로 3~4천원대 정
도로 생각하는 기본 음료의 가격대보다 높은 편일 수 있지만, 식사 가격을 통해
살펴 본 이 동네의 물가와 입지 특성을 함께 고려하면 납득할 만하다. 로스팅을
직접 하는 180커피로스터스는 5,000원에 기본 음료인 아메리카노를 제공하
고 있다.

업무와 서비스 공간의 분리

율동푸드파크의 음식점이나 카페들은 대부분, 손님들을 위한 넓은 자리를 마
련해 두고 있다. 근교로 놀러 온 손님들이 오래 머물고, 편안하게 쉴 수 있는 공
간을 제공하기 위해서다. 로스터리인 180커피로스터스도 이러한 동네의 특성
을 파악해 공간을 활용했다. 2층을 손님들의 전용 공간으로 배치한 것. 단, 1
층과 지하 1층은 추출과 로스팅에 집중할 수 있도록 영역을 분리했다. 이러한
배치는 공간의 효율 외에도 수익과 성과에 영향을 미친다. 고객들이 2층에서
커피를 즐기는 동안, 지하 로스팅 공장은 원두 납품을 위해 바쁘게 돌아간다.
고객과 바리스타 각자의 공간을 분리하고 업무에 집중할 수 있도록 배려한 덕
에 국가대표 로스터와 사이포니스트도 연달아 배출될 수 있었던 것 아닐까?

주변 카페 기본 메뉴 평균가	본 카페 기본 메뉴 평균가	주변 식사 메뉴 평균가
5,400원	5,000원	13,600원

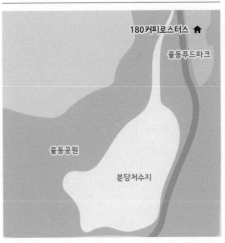

입지

신사동 가로수길 뒷골목에 깊숙이
자리 잡은 카페.

공간

바리스타 대회장이 연상되는
개방된 구조로, 어디에서나 커피바의
바리스타를 바라볼 수 있는 곳.

개성

한 번 마실 만큼의 원두만 개별 진공 포장해
12가지 원두를 5가지 방법으로 제공.

국가대표의 커피를 넘어 장인의 커피를

그레이 그리스트밀

"스시 장인 '오노 지로'처럼
꾸준하게 반복적으로 하루하루에 충실하며
10년, 20년 커피를 내리고 싶어요."

Gray Gristmill

　그레이 그리스트밀에 갔던 첫날, 두터운 문을 밀고 들어갔더니 커피가 모두 팔렸다고 했다. 의아했다. 영업이 마감된 경우는 보았어도 판매할 원두가 동이 났다는 이야기는 생소했기 때문이다. 원두는 상하는 음식이 아닌데 어떻게 그날 다 팔릴 수 있는 걸까?

　일주일 뒤 근처에서 식사를 마치고 아버지께서 다시 가보자고 제안하셨다. '이번에도 원두가 없다고 할 수 있어요.'라며 퉁퉁거렸지만 대안이 딱히 떠오르지 않았다. 곧장 카페에 들어서니 다행히 오늘은 원두가 남아 있다고 했다. 주문을 하려고 매대 주변을 자세히 살펴보았다. 그제서야 지난번 방문 때 원두가 모두 팔렸다며 난처해한 이유를 알 것 같았다. 이곳은 손님들이 한 번 마실 만큼의 원두만 개별 포장해 그때그때 커피를 내려 제공하고 있었다. 하루 판매할 양의 원두만 소분하고, 개별 진공 포장해 준비한 원두가 다 나가면 그날 영업은 종료되었다.

　별나다고 생각하며 커피를 주문하는데, 주문 방식 또한 독특했다. 원두를 고르고 추출 방식을 골라야 했다. 보통의 카페처럼 아메리카노와 라떼로 나누어 가격을 정한 것이 아니라, 원두 값과 추출 값을 따로 받고 있었다. 인도네시아 커피를 브루잉으로 주문하면, 원두 값은 3,500원, 추출 값은 1,000원. 총 4,500원이었다. 이곳에서는 12가지의 다양한 원두를 에스프레소, 아메리카노, 브루잉, 라떼, 아포가토까지 5가지 방식으로 즐길 수 있었다.

개별 포장된 원두를 가리키며 굳이 왜 이렇게 번거로운 작업을 하는지 물었다. 그냥 그라인더에 담아두고 그때그때 정량으로 갈아주면 괜찮지 않냐고 했더니, 바리스타는 웃으며 대답했다.

"가장 신선하고 맛있는 커피를 드리고 싶어서요."

유난스럽다는 내 표정에 그는 싱긋 웃기만 했다. '아휴, 커피 한 잔인데 그냥 마시면 되지.' 툴툴거리며 건네받은 커피를 한 모금 마셨다. 반전이었다. 진공 포장된 원두는 산화되지 않아 뒷맛이 깔끔했다. 바리스타가 이야기한 신선하고 맛있는 커피 한 잔이 무엇인지 알 것 같았다. 수고와 귀찮음을 감수하더라도 맛있는 커피를 내리기 위해 노력하는 이들의 진심. 단순히 커피 한 잔을 더 팔려고 애쓰는 곳이 아니었다. 그저 한 잔의 커피라도 더욱 맛있게 만들어내기 위해 애쓰는 곳이었다. 그들은 커피를 정말 좋아하고, 커피 내리는 일에 애정과 열정을 쏟고 있었다. '와보길 잘했지?' 아버지의 말씀에 고개를 끄덕였다.

그렇게 참새 방앗간처럼 이곳을 드나들며 몰랐던 사실들을 하나씩 알게 되었다. 국가대표 바리스타 선발전을 준비하기 위해서는 선수 한 명이 아니라 그를 지원하기 위한 팀이 필요했다. 커피

INDONESIA

INDONESIA

INDONESIA

ZIL

ZIL

BRAZIL

WHOLE BEAN

KENYA
케냐

ORANGE, CITRUS, ALMOND, DATE, MALTY, SYRUPY

산도 복숭아의 신미   밀크 초콜릿의 단맛   견과류와 고소함과
진득한 구조감이 좋은 커피

WHOLE BEAN

ECUADOR
에콰도르

ACACIA, APPLE MANGO, HONEY, MOLASSES

KRW 5.5

WAKE UP

GUATEMALA 과테말라

ORANGE JUICE, LIME, ROASTED ALMOND
SWEET ACIDITY, WELL BALANCED
오렌지의 상큼함과 라임의... 여운이 느껴지는 커피

WHOLE BEAN

COSTA RICA 코스타리카

FLORAL, SWEET, ORANGE, CHOCOLATE, BROWN SUGAR
MALTY
은은하게 퍼지는 사과의 단맛, 신맛의 기분 좋게 배주면 커피

KRW 4.5

1	2	4
		5
3		

1   취향에 맞는 원두와 추출 방식을 선택하는
    방법을 정리한 메뉴판

2   로스팅한 원두를 하나씩 진공 포장하는 과정

3   브루잉 커피를 추출하는 모습

4   방준배 바리스타의 2017 한국 바리스타
    챔피언십 우승 트로피

5   산지와 품종 정보를 기입한 스티커를 붙여
    제공되는 커피

를 내리는 선수 외에도 원두를 수급해오는 사람, 그것을 최적의 상태로 로스팅 해주는 사람이 있어야 했다. 심지어 훈련과 연습, 대회 당일에 사용하는 컵들을 바로바로 닦아주는 사람까지도 필요했다. 안드레아플러스의 최상현 대표와 2017년 월드바리스타챔피언십 세미파이널리스트로 활약한 방준배 바리스타는 함께 대회를 준비했던 팀이었다. 방준배 바리스타가 국가대표 바리스타로 성장하기까지 최상현 대표는 그의 곁에서 든든한 조력자가 되어주었다. 그레이 그리스트밀은 두 사람이 의기투합하여 커피에 대한 애정과 노하우를 녹여내 선보인 스페셜티 커피 브랜드였다.

그들이 대회를 준비했던 시절만큼이나 지금의 그레이 그리스트밀에도 좋은 멤버들이 함께하고 있다. 바리스타들 사이에서 일명 '그그밀'로 통하며, 오픈한 지 얼마 되지 않아 커피 맛집으로 단번에 자리할 수 있었던 데에는 임하람, 서지훈 바리스타의 중추적인 역할이 한몫했다. 매장을 찾아준 한 명, 한 명의 손님에게도 웃으며 진심을 다하고, 매일매일 손님들의 리뷰를 살피며 고맙다는 댓글을 잊지 않는 그들의 노력 덕에 이곳을 따스하게 여기는 단골이 점점 더 늘어나고 있었다. 씩씩한 신건용 바리스타와 새로

들어온 민재씨도 언제나 잘 벼려진 칼처럼 반듯하고 프로답게 맛있는 커피 한 잔을 내려주고 있었다.

"왜 이렇게 특이한 카페를 기획한 건가요? 12가지의 원두를 5가지 방법으로 제공하는 것이 쉽지 않을 텐데요. 카페 한가운데에 위치한 바도 손님들에게 바로 노출되어 항상 긴장된 상태로 있어야 할 것 같고요."
"저희 매장의 바리스타들이 커피를 제공하는 모습을 잘 보시면, 대회 때 바리스타가 심사위원들에게 커피를 대접하는 방식과 동일해요. 가장 맛있는 커피를 전달하기 위해서는 이 방법이 최선이라고 생각했어요."

그들은 손님 한 명의 주문마다 매 시연 때처럼 정성껏 커피를 내리고 있었다. 커피 한 잔에 온 심혈을 기울이며.

"제게 영감을 준 사람이 스시 장인 '오노 지로Ono Jiro' 예요. 그의 말처럼 '꾸준하게 반복적인 일을 할 수 있어야' 진정한 장인이라고 생각했어요. 저도 그 장인의 길을 가고 싶고요."

방준배 바리스타의 말처럼 그레이 그리스트밀은 선수의 커피를 넘어 장인의 커피의 길을 가고자 하는 곳이었다. 최고의 실력으로 매일 꾸준하게 반복하며 커피를 내리는 이들의 5년, 10년 뒤가 기대되었다.

그레이 그리스트밀은 왜 가로수길 뒷골목을 선택했을까?

 서울 강남구 압구정로2길 15

@gray_gristmill

가로수길의 뒷골목

그레이 그리스트밀이 위치한 곳은 가로수길 카페들이 밀집한 메인 상권은 아
니다. 정확하게 표현하면 가로수길의 뒷골목. 지금은 근처에 웻커피나 테일러
커피와 같은 카페들이 들어왔지만, 그레이 그리스트밀이 오픈한 당시만 해도
근처에 유명 카페는 거의 없었다.

스페셜티 로스터리 & 쇼룸으로서의 조건

최상현 대표는 그레이 그리스트밀 커피의 가치를 알아줄 '수요'가 있는 지역으
로 가로수길이 적합하다고 판단했다. 한편, 좋은 생두를 수급함으로써 원재료
가격의 비중을 높이기 위해서는 임대료가 과다하면 안되었다. 또한 로스팅 카
페의 성격상 제조업 허가가 필요하고, 주변의 민원을 고려해야 했기 때문에 대
로변이 아닌 가로수길 골목이 낙점되었다.

유명 맛집의 이웃

이러한 조건을 맞춰 골목에 자리한 덕에 카페보다는 음식점들과 더 가까운 곳

에 위치하게 되었다. 의도한 것은 아니었지만, 외국인들에게 인기가 높은 큰 남비집이라는 식당이 이웃에 있었다. 그곳에 들렀다가 그레이 그리스트밀을 찾는 코스가 외국인들에게 알려지며, 그레이 그리스트밀은 서울 카페 투어의 핫플레이스가 되었다.

합리적인 가격으로 즐길 수 있는 맛있는 커피

가로수길 음식점들의 평균 식사 가격은 10,000원 수준이다. 카페들의 기본 메뉴인 아메리카노는 식사 가격의 49%인 4,900원에 형성되어 있다. 원두에 따라 편차는 있지만, 4,500원부터 시작하는 그레이 그리스트밀의 커피 가격은 동네에서도 합리적인 수준이다. 일반적으로 핸드드립과 아메리카노의 가격 차이가 1.2배에서 1.4배까지 발생하는데, 동일한 가격에 퀄리티가 뛰어난 브루잉 커피를 즐길 수 있는 것도 강점이다.

주변 카페 기본 메뉴 평균가	본 카페 기본 메뉴 평균가	주변 식사 메뉴 평균가
4,900원	4,500원	10,000원

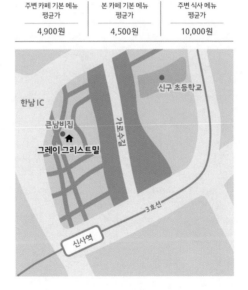

입지

약수시장 끝자락에 자리해
동네 주민들의 사랑을 받는 곳.

공간

이탈리아 에스프레소 바의 본질을
정확히 파악하고 우리 정서에 맞게
변형시킨 한국형 에스프레소 바.

개성

커피 한잔을 매개로 조금 더
따뜻한 세상이 되길 바라는 곳.

한국형 에스프레소 바
리사르커피

"제가 좋아하는 커피를
저도 사서 마시고 싶은 가격에 팔아요."

Leesar Coffee

○ ⓪⓪⓪⓪

샌드위치 휴일, 리사르커피로 향했다. 주변 지인들이 꼭 한번 가보라고 추천과 칭찬을 마다하지 않았던 곳. 그러나 막상 이곳에 가기란 쉽지 않았다. 공휴일과 일요일은 휴무, 토요일 영업시간은 낮 12시부터 오후 4시까지. 평일 영업시간도 오전 10시부터 오후 6시까지*. 나 같은 회사원은 도저히 맞추기 힘든 영업시간. 이 카페에는 어떤 손님들이 찾아올지 궁금했다.

궁금증을 안고 약수시장으로 향했다. 꽃집도 보이고 생선가게와 과일가게도 보였다. 아, 서울에 아직 이런 곳이 있었구나. 재래시장과 아파트가 묘하게 섞여있는 곳. 시장의 끝자락에 리사르커피가 보였다. 오전 10시가 조금 넘은 시각, 이 애매한 시간에 누가 여길 올까 했는데 가게는 이미 꽉 차있었다. 배후에 커다란 아파트 단지를 끼고 있어 세수만 대충하고 커피를 마시러 온 듯한

● 취재일 기준 영업 시간이며 리사르커피의 영업 마감 시간은 2020년 7월 기준, 평일과 주말 모두 오후 3시로 변동되었다.

주민들이 많았다. 메뉴판을 보니 에스프레소는 1,500원, 우유가
들어간 음료들은 대부분 2,000원이었다. '아니, 이렇게 저렴하게
판매해도 운영이 가능한가?' 점점 더 궁금함이 커지는 가게였다.

리사르커피의 대표 메뉴인 피에노를 시켰다. 가격은 2,000원.
에스프레소와 크림, 카카오 토핑이 얹어진 음료였다. 한입 마시
자 진득한 초콜릿이 목으로 넘어왔다. 달콤쌉쌀하고 너무 달지 않
은, 그러나 부드러운 초콜릿 맛이었다. 크림, 설탕, 커피가 전하는
맛을 정확히 이해하고 활용하는 집이었다. 그러니 맛이 없을 수
가 없었다. 홀짝홀짝 세 입 정도 마시니 금세 모두 사라졌다. 피에
노 다음엔 가장 기본이 되는 에스프레소를 주문했다. 가격은 단돈
1,500원.

"설탕은 적당히 뿌려드릴게요."

"저 설탕 안 넣는데요."

하려는 순간, 이민섭 대표는 커피에 설탕을 뿌리고 있었다. 동
작이 빠르고 민첩했다. '그래, 주는 대로 한번 마셔보자.' 에스프레
소는 쌉쌀하면서 진득하고 뜨끈하게 목을 넘어왔다. 살짝 넘어오
는 설탕이 끝맛을 깔끔하게 마무리해주고 있었다. 쌉쌀하면서 구
수하고 달콤한 맛이 기분 좋은 여운을 남겼다. 정말 맛있는 에스
프레소였다.

힘들게 여기까지 왔는데 한두 잔만 마시고 가기에는 아깝다는
생각이 들어 메뉴판을 다시 보았다. 하겐다즈가 들어간 아포가토
가 2,500원이었다. 아니, 도대체 가격을 어떻게 정한 것인지 매우

궁금했다. 이건 꼭 먹어보고 가야겠다는 마음이 들었다. 그렇게
아포가토를 주문하니 나즈막한 목소리의 걱정 어린 물음이 돌아
왔다.

"많이 드시는 것 같은데요."

'제가 마시는 것 하나는 잘합니다.' 속으로 대답했다. 그렇게 아
포가토가 나왔다. 커피의 비율이 적당히 높은 아포가토는 양이 많
지는 않았지만 맛있었다. 애당초 아포가토라는 것이 커피와 아이
스크림의 조합이라 웬만하면 맛이 없을 리 없지만, 에스프레소가
깔끔하고 맛있는 리사르의 아포가토는 조금 더 특별하게 느껴졌
다. 하물며 아이스크림도 하겐다즈이니 2,500원의 호사였다. 한
참을 먹다가 궁금한 것을 하나씩 물어보았다.

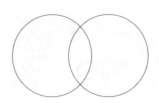

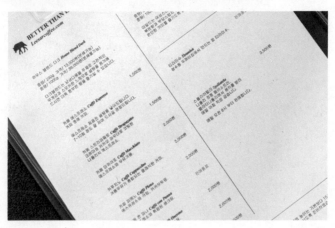

우리가 좋아하는 커피 공간

| 1 | 3 |
| 2 | 4 |

1 약수시장과 가까운 주택가 골목,
   신축 건물 1층에 자리한 리사르커피

2 재료와 가격, 메뉴에 대한 특징을 간결히
   정리한 메뉴판

3 협소한 규모와 동선에 꼭 맞춰 가지런히
   배치한 바 위의 기물들

4 에스프레소를 추출하는 이민섭 바리스타

"그런데 왜 하필 이 약수시장에 매장을 오픈하신 거예요?"

이 대표는 천천히 대답했다. 왕십리에서 6년간 카페를 운영하다 건물주의 사정으로 자리를 옮겨야 했다고. 지하철역 근처에 위치한 이곳을 어렵사리 찾았고, 좋은 장소를 찾아 참 다행인 것 같다고 이야기했다. 왜 꼭 지하철역 근처여야만 했냐는 질문에는 스스럼없는 목소리가 돌아왔다.

"저도 출근해야죠."

쿨하디 쿨한 대답에 나도 모르게 커피를 뿜었다. '손님들이 오시기 편하려면 지하철역 근처여야죠.'라고 대답할 만도 한데, 이 대표는 정말 솔직 담백했다. 내친김에 몇 가지를 더 물어보았다. 우선, 무엇을 기준으로 가격을 정한 것인지.

"저는 제가 지불하고 싶은 액수를 가격으로 정해요. '이 정도면 나도 사 먹고 싶다.'라는 생각이 드는 가격대를 찾다 보니 2천 원대가 되었어요. 매일 먹어도 부담이 안되잖아요."

보통은 원가를 기준으로 마진을 얹고 가격을 정하는데 소비자의 시점에서 역으로 가격을 산정하고 있었다. 그러니 손님들의 만족도가 높을 수밖에 없었다. '그래도 너무 저렴한 것 아니냐'고 다시 물었다. 그도 그럴 것이 가격은 저렴했지만 재료는 타협하지 않고 있기 때문이었다. 원두는 직접 로스팅하니까 그렇다 해도,

일반 설탕보다 가격이 조금 더 나가는 비정제 설탕*과 하겐다즈
아이스크림을 쓰고 있었다.

"대신에 양이 많지 않잖아요. 제가 비정제 설탕이 주는 구수한 맛을 좋
아하거든요. 아포가토에 하겐다즈를 사용하게 된 건, 손님들이 그게 맛
있다고 하셨기 때문이에요. 제가 그리고 손님들이 맛있게 드실 수 있는
커피를 팔고 싶어요."

이어 커피에 왜 설탕을 넣어주는 것인지도 물었다. 설탕은 개인
의 취향에 따라 자기가 타서 먹는 것 아니냐는 말도 덧붙여서.

"미리 말씀해주시면 안 넣어드리기도 해요. 저도 처음에는 안 넣어드렸
어요. 그런데 제가 설탕 넣은 에스프레소를 정말 좋아하거든요. 맛있잖
아요. 제가 좋아하는 맛을 소개하고, 전해드리고 싶었어요. 그래서 조금
촌스러워 보일지는 몰라도 특별히 언급이 없으시면 설탕을 넣어드리고
있어요."

이 카페, 볼수록 참 흥미로웠다. 이 정도면 대한민국 초저가형
카페인데 커피는 맛있고 퀄리티도 훌륭했다. 심지어 바이브도 살
아있었다. 동네 주민들이 고양이 세수만 하고, 머리를 질끈 묶고
와 힙하게 커피를 즐기는 곳. 이탈리아 에스프레소 바의 본질을

● **비정제 설탕** 정제하지 않은 사탕수수당으로 진한 갈색을 띠며 은은한 풍미가 특징이다. 화
학적 정제 과정을 거친 백설탕, 흑설탕과는 구분된다.

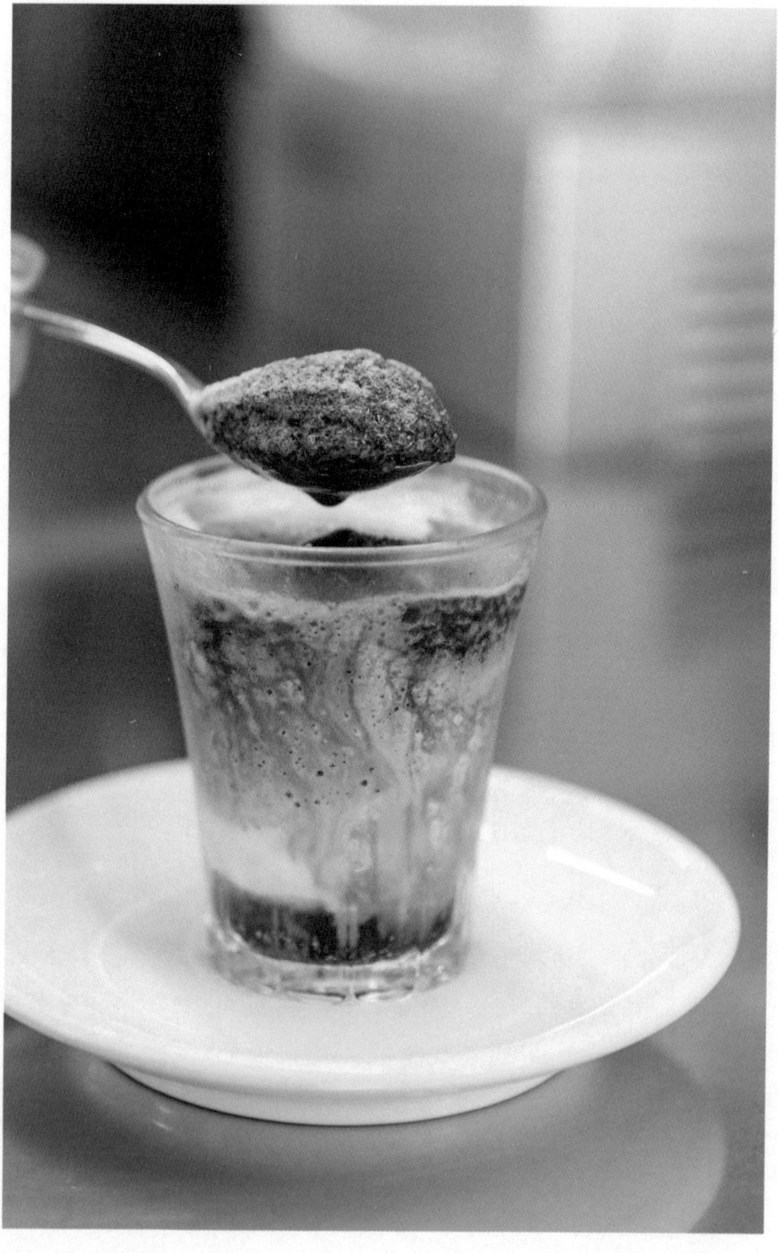

정확히 파악하고, 우리 정서에 맞게 변화시킨 한국형 에스프레소
바였다.

'내가 좋아하는 커피를 내가 지불하고 싶은 가격에 팔아요.' 이
곳의 묘한 매력은 이 한 문장에서부터 시작된 것 같았다. 내가 마
시고 싶은 커피를 부담 없는 가격에 팔았더니 사람들이 좋아하고
몰리기 시작했다. 가격을 낮췄지만 대부분의 손님들이 두세 잔을
주문하기에 실제 매출은 다른 카페들과 유사했다. 아니 끊임없이
손님이 들어와서 더욱 잘 되는 것 같았다.

커피 몇 잔을 마시며 중요한 교훈을 얻은 것 같았다. 내가 마
음을 열어 내가 좋아하는 것을 차분히 전할 때, 비로소 사람들
도 마음을 연다는 것을. 매장 입구 간판에 새겨진 'Better Than
Espresso'라는 문구를 바라보면서 그가 추구하는 '에스프레소보
다 더 나은 것'이 무엇인지 되새겨보았다.

이 대표는 마음 좋은 건물주를 만났다고 좋아했지만, 이런 좋은
임차인을 만난 건물주가 더 행운이 아니었을지. 에스프레소보다
더 나은 것이 무엇인지 생각해 볼 수 있었던 좋은 휴일이었다.

다양한 손님층의 수요가 존재하는 곳, 리사르커피

🏠 서울 중구 다산로8길 16-7

📷 @leesarcoffee

아파트를 배경 삼아 시장 속에 자리 잡은 곳

약수역을 나와 골목을 올라가면, 약수시장과 그 뒤에 펼쳐진 남산타운아파트가 보인다. 리사르커피는 약수시장을 지나 아파트로 올라가기 전, 자그마한 신축 건물 1층에 위치해 있다. 아파트에 사는 주민들과 순댓국으로 유명한 약수시장에서 식사를 하려는 사람들이 자연스레 방문할 수 있는 곳이다. 주민, 회사원, 시장 상인 등 다양한 고객층이 존재한다.

이 가격, 정말이라구요?

리사르커피 인근 식당들의 평균 식사 가격은 7,900원 수준이며, 커피 가격은 식사 가격의 약 47%인 3,700원에 형성되어 있다. 리사르커피의 기본 메뉴인 에스프레소는 주변 식당 음식 가격의 19%인 1,500원에 맞춰져 있다. 시장에 들른 사람들도, 매일 찾는 아파트 주민들도, 일상적으로 즐길 수 있는 가격대이다.

달콤한 에스프레소 한 잔, 너무 맛있어요!

리사르커피의 장점은 단순히 가격이 저렴한 것에 그치지 않는다. 어떤 음식을 먹고 오더라도 후식으로 즐기기에 적합하다는 것. 인근에 순댓국, 막국수, 찜닭 등 자극적인 맛 위주의 한식당이 많은데, 어떤 식사를 하고 오더라도 리사르커피의 에스프레소 한 잔이면, 입안이 깔끔하게 정리된다. 혹여, 에스프레소 바에 익숙하지 않은 사람들도 설탕을 넣어 건네주는 에스프레소를 마시면, 곧 그 달콤쌉쌀한 맛의 매력에 빠지게 된다.

주변 카페 기본 메뉴 평균가	본 카페 기본 메뉴 평균가	주변 식사 메뉴 평균가
3,700원	1,500원	7,900원

입지

성신여대 부근, 조금 한적한 찻길을
앞에 둔 단독주택 1층에 위치.

공간

어느 가정집의 응접실 같은 곳에서
편안하게 커피를 즐길 수 있는 공간.

개성

엄마가 아이에게 밥을 지어주는 것처럼
정성껏 볶아 누구나 편하게 내려 마실 수
있는 커피를 제공하는 곳.

홈바리스타를 위한 카페
리이케 커피

"전문가가 아닌 일반인 분들도
집에서 따라 하실 수 있도록,
쉽고 편한 방식으로 커피를 내려드려요."

liike coffee

휴일 오후, 남편과 함께 성북동으로 향했다. 성신여대 앞 리이케 커피liike coffee에 가기 위해서였다. 〈리사르커피〉 이민섭 대표의 추천이 한 몫했다.

"저는 휴일에 리이케 커피에 가요. 가정집 같은 분위기에서 마시는 커피 한잔이 정말 좋더라고요."

택시를 타고 성신여대 앞에 도착했다. 지도상으로는 분명 내렸던 자리에 카페가 있어야 하는데 잘 보이지 않았다. 한참을 헤매다 처음 도착했던 곳이 맞았음을 깨닫고 되돌아갔다. 밖에서 보기에는 카페가 아니라, 일반 가정집이라고 해도 이상하지 않을 법한 곳이었다. 문을 열어보니 거실도 부엌도 식사를 하는 다이닝 공간도 있는 60-70년대 핀란드의 어느 가정집 같은 풍경이 나타났다. 주문을 하려고 커피바에 서니 이윤행 대표가 조곤조곤 설명해 주었다.

"저희는 에스프레소 머신을 사용하지 않아 브루잉만 가능해요. 우유가
들어간 메뉴에는 카페오레가 있고요."

오랜만이었다. 에스프레소 머신이 없는 카페. 파푸아뉴기니 원
두로 내린 카페오레와 콜롬비아 원두로 내린 브루잉을 각각 한
잔씩 주문했다. 집에서도 따라 할 수 있게 쉽게 내려주는 모습이
인상적이었다. 원두에 뜸을 들인 후, 숟가락으로 휘휘 저었다. 여
기에 뜨거운 물만 적당량을 부어 진하게 내려준 뒤 기호에 맞춰
물을 추가하면 끝이었다. 바이패스bypass*라는 추출 방식은 바리
스타 사이에서는 호불호가 나뉘는 추출법이었다. 하지만 전문가
가 아닌 일반 사람들이 집에서 가장 쉽고 안정적으로 커피를 내
릴 수 있는 편안한 방식이기도 했다.

● **바이패스**bypass   진하게 추출한 소량의 커피에 물을 희석해 적정 농도를 맞추는 방식

1   커피바 바로 앞, 창문과 가까운 공간에는
길이가 긴 소파와 테이블을 배치해
거실과 같은 공간의 느낌을 더했다.

전문 바리스타들의 방식으로 섬세하게 커피를 내리기보다 평범한 사람들이 집에서도 편하게 내려 마시는 커피를 지향하는 곳이었다. 카페이면서 홈바리스타에게 원두를 소개하는 쇼룸과 같은 곳이었다. 왜 핀란드어로 '커피 상점'이라는 뜻의 '리이케'라는 이름을 달았는지, 그제서야 고개가 끄덕여졌다.

'집에서 마시는 커피'라는 주제를 생각하며 공간을 바라보니, 이곳의 배치가 조금 더 쉽게 이해되었다. 누군가의 응접실 같은 곳에서 정성이 담긴 커피를 편히 즐길 수 있었다.

판매하고 있는 세 종류의 원두는 어떤 기준을 바탕으로 소개되는지 궁금해졌다. 이 대표는 대륙별로 커피를 고루 소개하기 위해 남미와 아프리카, 오세아니아의 원두를 하나씩 선택하고 그때그때 볶아서 판매한다고 했다. 설명하는 그의 표정 속에서, 아이들이 편식하지 않고 음식을 골고루 잘 먹기를 바라는 엄마의 마음이 느껴졌다. 말은 쉬워도 매번 대륙별로 꾸준하게 원두를 수급하기란 쉽지 않을 텐데.

로스팅실을 구경하고 싶어 조심스레 부탁을 한 다음, 가게 안쪽 문을 열고 들어갔다. 깨끗하게 정리된 로스팅실이 나왔다. 여름에는 에어컨을, 겨울에는 난방기를 틀어 24시간 정온을 유지할 수 있도록 관리하고 있었다. 대형 커피 로스팅 회사에서 오랫동안 로스터로 일했다던 이 대표의 로스팅실다웠다. 생두 보관실의 문을 열자 지퍼백에 소분된 생두들이 보였다. 조금 의아했다.

"생두는 포대 자루에다가 담아두면 되는 것 아닌가요? 어차피 볶을 건데 왜 이렇게 일일이 소분해두세요?"

1   브루잉 커피를 추출하는 모습

2   정사각형 박스에 원두 카드가 들어있는
    리이케의 원두 패키지

3   로스팅한 원두를 지퍼백에 일정한 분량으로
    소분해 정리한 모습

4   로스팅 후, 깨졌거나 품질이 불량한 원두를
    다시 한 번 골라내는 모습

1	
2	4
3	

"그래야 가장 신선하게 볶아드릴 수 있잖아요."

아이에게 따끈따끈한 밥을 늘상 지어주는 엄마처럼 이 대표는
일정한 온도에서 신선하게 원두를 관리하고 잘 볶아 손님들에게
커피를 내어주고 있었다. 로스팅을 한 후에도 불량한 원두들을 꼼
꼼히 골라 행여나 쓸쓸한 커피가 만들어지지 않도록 노력하고 있
었다. 바쁘고 귀찮을 법한 보이지 않는 일에도 리이케는 정성을
쏟고 있었다. 화려하고 톡 쏘는 커피보다는 단단하고 균형 잡힌
'집밥 같은' 커피를 만날 수 있는 곳. 마음이 담긴 커피를 마셔서
인지, 그날의 휴일은 오래도록 기억에 남았다.

Insight

거실이 되어주는 카페, 리이케 커피

🏠 서울 성북구 보문로34가길 24 1층

📷 @liike_coffee

빨간 벽돌 단독주택

성신여대 단독주택 1층에 자리한 리이케 커피는 가정집을 개조한 곳이다. 기
존 주택의 구조를 크게 손보지 않아 거실과 부엌, 다이닝 공간이 그대로 남아있
다. 대학교 근처이다 보니 독립을 했거나 자취 생활을 하는 학생들에게는 넓고
트인 따뜻한 공간으로 편안하게 다가온다. 1960년대 핀란드 풍의 인테리어를
더해 리이케는 자연스레 이들의 거실이 되어주고 있다.

취향을 저격해 '가심비'를 맞추다

리이케 커피 인근 식당들의 평균 식사 가격은 9,700원 수준이며, 커피 가격은
식사 가격의 약 44%인 4,300원에 형성되어 있다. 리이케의 기본 드립커피 메
뉴는 주변 식당의 62%인 6,000원으로 높은 편이다. 대학가 상권임을 감안할
때, 다소 비싸다고 느끼는 손님들이 있는 것은 사실이지만, '공간'과 '메뉴'가
손님들의 취향에 부합하기 때문에 가격 대비 만족도가 좋다는 평이 주를 이룬
다. '가성비'보다는 '가심비'에 중점을 둔 커피 공간이다.

한 켠에서는 커피를 볶고

로스터리 카페는 로스팅 중에 발생하는 냄새나 연기 때문에 적합한 입지를 찾기가 쉽지 않다. 리이케 커피 이윤행 대표 역시 로스팅을 할 수 있는 자리를 찾다 성신여대 앞, 단독주택에 로스터리 카페를 열게 됐다고 했다. 집밥처럼 편안한 커피를 지향하는 리이케 커피는 공간 한 켠에서는 커피를 볶고, 한 켠에서는 커피를 내린다.

주변 카페 기본 메뉴 평균가	본 카페 기본 메뉴 평균가	주변 식사 메뉴 평균가
4,300원	6,000원	9,700원

입지

오랜 역사를 지닌 부산 동래,
온천장역 근처에 위치.

공간

입구에 자리한 울창한 대나무 숲과
항아리, 맷돌 바닥 등으로 우리식의
편안함이 묻어나는 카페.

개성

생산자는 '상품'의 가격에 걸맞은 충분한
가치를 부여해야 하고, 소비자는 그 가치에
만족하며 '제값'을 지불하기를 바라며
스페셜티 커피 시장의 지속성을 위해
끊임없이 노력하는 곳.

05

동네를 살리는 디벨로퍼
모모스커피

"아기돼지 삼형제 이야기에 나오는
막내의 집처럼 앞으로 백 년 동안 오래오래
튼튼하게 쓸 수 있는 그런 건물을 짓고 싶어요.
매장을 여러 점포로 확장하기보다
긴 시간 더욱 깊숙이 뿌리내리며
이 온천장 인근을 발전시키고 싶어요."

MOMOS COFFEE

말레이시아에서 열린 카페쇼에 갔을 때였다. 한국에서 온 나에게 말레이시아, 싱가포르에서 온 커피맨들은 한국의 커피가 정말 맛있다며 극찬했다. 어떤 카페가 가장 인상적이었냐는 질문에 그들은 하나같이 부산의 모모스커피를 이야기했다. 당시에는 전주연 바리스타가 월드 바리스타 챔피언십*에서 우승하기 이전이었는데도, 서울 유수의 카페 대신 모모스를 이야기하고 있었다. 이때만이 아니었다. 전 세계에서 좋은 원두만 선별해 판매하는 도쿄의 커피 마메야KOFFEE MAMEYA에 방문했을 때도 비슷한 경험을 했다. 마메야에는 딱 하나의 한국 원두가 있었는데, 다름아닌 모모스커피였다. 이들은 왜 부산의 모모스에 주목하고 있는 걸까?

한국에 돌아와 어느 바리스타 챔피언의 카페에 갔을 때 또 한

● **월드 바리스타 챔피언십**World Brista Championship, WBC 전세계 각국의 국가대표 바리스타를 선발해 매해 세계 최고의 바리스타를 가리는 대회로, 전주연 바리스타는 2019 월드 바리스타 챔피언십에서 한국인 최초의 챔피언 바리스타로 우승을 거머쥐었다.

우리가 좋아하는 커피 공간

번 모모스의 이야기를 들을 수 있었다. 바리스타 챔피언이 된 이후, 커피 로스팅 회사 대표로 입지를 굳힌 그는 바리스타에서 생두 수입 및 로스팅으로 커리어를 전환하게 된 배경에 모모스커피 이현기 대표와 일했던 일 년 간의 시간이 크게 작용했다고 말했다.

궁금했다. 모모스커피가 도대체 어떤 곳인지. 세계 챔피언 바리스타를 배출하고, 많은 바리스타에게 영감을 주는 이현기 대표는 어떤 생각을 갖고 회사를 운영하는 것일지. 궁금함을 품은 채 이른 아침 부산행 비행기에 올랐다. 부산역에 내려 농심호텔과 대온천 허심청을 지나 모모스로 향했다. 동네를 구경할 겸 천천히 걸어가는데, 너무 빽빽하게 지어진 아파트와 근린시설이 안타까웠다. 녹지가 조금 더 있었으면 좋았을 텐데. 오랜 역사를 가진 동래의 흔적이 모두 사라지고 삭막한 건물들만 남겨진 것이 아쉬웠다.

모모스에 도착해 안으로 들어서는 순간, 놀랐다. 숲이 울창한 입구는 우리만의 편안함이 깃든 정원이었다. 대나무와 석상, 장독

대들이 정원 곳곳에 배치되어 있었고 오랜 시간 공들여 가꾼 느낌이었다. 햇빛이 있고, 숲이 있고, 맛있는 빵과 커피가 있는 진정한 휴식 공간이었다. 동네의 역사와 정취를 간직하면서도 젊은이, 어르신, 남녀노소 모두 가릴 것 없이 누구나 머무르고픈 편안함과 따뜻함이 묻어 있었다. 왜 말레이시아와 싱가포르의 커피맨들이 이곳을 추천했는지 알 것 같았다.

매장에 들어가 커피를 두 잔 주문했다. '봄 블렌딩'은 5,000원, '콜롬비아 게샤'는 6,500원, 총 11,500원을 지불했다. 동네를 걸어오면서 보았던 카페들의 평균 가격보다는 조금 높은 편이었지만, 사용한 원두를 생각한다면 합리적인 가격이었다.

"봄 블렌딩은 화사한 봄을 느끼실 수 있고, 콜롬비아 게샤는 포도와 같은 느낌을 받으실 거예요. 드립커피는 나오기까지 조금 시간이 걸릴 수 있는데 괜찮으시겠어요?"

바리스타는 커피에 대해 간략히 설명한 후, 대기가 길어지는 것에 양해를 구했다. 잠시 앉아서 기다리니 주문한 커피가 곧 나왔다. 개인적으로는 싱글오리진 커피를 선호하지만, 모모스의 블렌딩 커피 맛이 궁금했다. 한 모금 마시는 순간, 바리스타의 말을 이해할 수 있었다. 화사하고 예쁜 '봄'과도 같은 맛이었다. 더 이상의 설명이 필요하지 않았다. 뒤에 나온 콜롬비아 게샤도 마찬가지였다. 복합적인 향미가 모두 포도의 맛으로 귀결되고 있었다. 새콤하면서도 묵직하게 깔린 달콤한 맛이 좋았다. 이들 커피는 직관적이었고 정말 맛있었다. 커피를 마시고 가게를 둘러보면서 이들

우리가 좋아하는 커피 공간

은 커피뿐만 아니라, 공간과 서비스, 맛, 모든 면에서 월드 챔피언이라는 생각이 들었다. 조금 뒤, 이현기 대표를 만나 자세히 이야기를 나눌 수 있었다.

"매장에는 손님들이 많이 계시니, 조용한 랩실로 이동하시면 어떨까요?"

옆 건물의 랩실은 매장과는 전혀 다른 분위기의 심플한 공간이었다. 전주연 바리스타가 2017년 월드 바리스타 챔피언십에 나가기 한 달 전에 완성되었다는 이곳은 대회장과 똑같은 구조로 구성되어 있었다.

"대회를 준비하는 선수에게 대회장과 같은 공간을 만들어주어 좀 더 편안하게 대회에 임할 수 있도록 하는 것이 제가 할 수 있는 일이라 생각했어요."

조금 쑥스럽게 웃는 그의 얼굴에서 직원의 성장을 응원하는 대표의 따뜻한 마음을 느낄 수 있었다. 심사위원을 시음대에 앉혀 고객을 대하는 것처럼 편안한 분위기를 이끌어냈던 전주연 바리스타의 시연 설계가 이 장소에서 무수한 고민 끝에 나왔을 거라는 생각이 스쳤다.

이 대표는 잠시 기다리라고 말한 후, 커피와 빵을 가지고 왔다. 무화과 스콘과 휘낭시에 그리고 파나마 나인티플러스 펄시 게이샤 내츄럴이었다. 따뜻하게 데워진 잔도 함께. 화사하고 복합적인

1   칼리타 웨이브 드리퍼로 커피를 추출하는 모습

2   창문 밖 대나무 정원의 풍경과 어우러지는 커피,
      휘낭시에, 무화과 스콘

3   매장 뒤편에 따로 마련된 베이킹실에서 빵을
      굽고 있는 베이커

겹겹의 맛이 '펄시'에서 터져 나오고 있었다. 가격은 두 배 비쌌지만, 다섯 배는 더 맛있게 느껴지는 커피였다. 커피와 곁들인 무화과 스콘은 질감이 매우 독특했다. 무화과의 알갱이가 스콘 곳곳에서 톡톡 터지고 있었다. 진한 맛이 고소하게 느껴지는 휘낭시에도 커피와 잘 어울렸다.

"커피도 맛있지만, 베이커리류도 정말 맛있네요."
"커피와 곁들이면 좋은 빵을 만들기 위해 노력하고 있어요. 커피의 향을 넘어서지 않는 수준에서요. 저희의 커피와 어울리는 빵을 매장에서 즐기셨으면 하는 마음에 과하지 않은 수준에서 베이커리를 운영하고 있죠. 포장 판매를 하지 않는 이유기도 하고요."

카페에 들어서며 정원이 정말 좋았다는 나의 말에 그는 웃으며 답했다.

"부모님께서 IMF 이후부터 이 자리에서 한식당을 하셨어요. 원래는 정원이 없는 휑한 공간이었는데 그때부터 정원을 심고 가꾸기 시작했죠. 지금까지 가꾸었으니 22년이 되었네요."

정원에서 시작된 이야기는 자연스럽게 모모스의 역사로 이어졌다. 건설회사 엔지니어가 회사를 그만두고 부모님 가게 한 귀퉁이에 4평짜리 공간을 얻어 카페를 창업한 이야기. 부모님의 식당이 어려워지자 결국 이곳을 모두 인수하고 치열하게 이자를 갚아 나가면서 카페를 운영해야 했던 이야기. 이야기를 듣는 내내, 영

화 한 편을 보는 것 같았다. 흘러간 세 시간이 삼십 분처럼 느껴질 정도였다. 대화에서 가장 인상적이었던 것은 일관성 있게 세상을 바라보는 그의 시선이었다.

이 대표는 커피 기업을 운영하는 대표로서 '커피'만을 이야기하지 않고 있었다. 한식당을 운영했던 부모님의 아들이자, 카페 경영인으로서 세상을 바라보고 있었다. 그는 카페 또는 식당을 운영하는 사람, 거기에서 일하는 많은 사람들이 최소한 '자녀를 키우고 가정을 돌보기'에 합당한 처우 개선 문제와 구조적인 원인을 곰곰이 들여다보고 있었다.

많은 사람들은 불공평한 현실에 놓이면 좌절하거나 불만을 표한다. 이 대표의 이야기가 마음속 깊숙이 와닿았던 이유는 문제에 불만을 가지고 있는 것에서 멈추지 않았기 때문이었다. 문제를 해결하고자 적극적으로 아니, 모든 것을 다 바쳐 필사적으로 노력했다. 그의 목표는 간결했다. 카페에서 일하는 바리스타가 최소한 우량 중견 기업 직원만큼의 대우를 받는 회사를 만드는 것. 그에게 있어 직원은 단순히 고용인과 피고용인의 관계가 아니라 끈끈한 가족과도 같은 존재였다.

"10년이 넘는 기업은 10년 넘게 일한 직원이 있어야 하고, 20년이 넘는 기업은 20년 넘게 일한 직원이 있어야 해요."

이 대표의 말에 귀를 기울이며, 모모스를 바라보았다. 거기에는 그가 회사를 설립한 이후, 오늘까지 함께한 직원들이 동행하고 있었다. 그에게 직원들이란 절벽 끝까지 몰린 어려운 일을 눈앞에

우리가 좋아하는 커피 공간

두고도 가게를 믿고 맡긴 채, 산지로 훌쩍 떠날 수 있게 해주는 존재들이었다.

인터뷰 중간중간 이 대표는 다양한 측면에서 '지속가능성'에 관해 이야기했다. 제 살을 깎아 먹는 지나친 가격 경쟁은 종국에는 지속가능한 시장을 무너뜨린다고. 그렇다고 해서 소비자를 만족시키지 못하면서 높은 가격을 제시하는 것도 건강한 시장을 유지할 수 없게 만든다고 했다. 생산자는 '상품'의 가격에 걸맞은 충분한 가치를 부여해야 하고, 소비자는 그 가치에 만족하며 '제값'을 지불하는 것. 그것이 서로 상생하며 살아가는 방법이라고 말했다. 그가 스페셜티 커피를 하는 이유, 힘들고 어려운 가운데에서도 귀하고 좋은 생두를 구하기 위해 산지를 돌아다니는 이유가 거기에 있었다.

이야기를 한참 듣는데, 테이블 옆에 '모모스빌리지'라는 제목의 인쇄물이 보였다. 잠시 살펴봐도 되겠냐는 질문에 그는 흔쾌히 응했다. 거기에는 모모스의 새로운 설계도면이 그려져 있었다.

"제가 그동안 걸어온 길들을 살펴보니 여러 매장을 내고 확장하는 것보다는 한곳에 모여 집중하고 뿌리내리는 것이 잘 맞더라고요. 그래서 여러 곳에 매장을 확장하기보다는 'Be One Project'를 진행하려고 준비하고 있어요. 프로젝트를 준비하다 보니 현재의 건물은 편안하고 따뜻하지만, 직원들이 일하기에는 힘든 동선으로 구성되어 있다는 것을 깨달았죠. 생두 창고로 왔다 갔다 할 때, 수레를 끌고 이동해야 하는데 불편하거든요. 그래서 고민하다가 내린 결론이 이거예요. 우리가 꼭 계승해야 할 정원은 지켜나가되, 건물은 효율적인 동선이 나오게끔 만들고 싶

1

2

3

1   입구에서 안쪽으로 조금 더 걸어가면
      펼쳐지는 뒤뜰 풍경

2   커피바의 브루잉 스테이션 옆쪽
      선반에는 모모스 원두와 굿즈가
      진열되어 있다.

3   정해진 면적 내에서 주문을 받고
      커피를 추출하는 영역이 효율적으로
      구성된 커피바

었어요. 혹시 기억하세요? 아기돼지 삼형제 이야기에 나오는 막내의 집 말이에요. 막내가 만든 집처럼 앞으로 백 년 동안 오래오래 튼튼하게 쓸 수 있는 그런 건물을 짓고 싶어요. 긴 시간 속에서 더욱 깊숙이 뿌리내리며, 이 온천장 인근을 발전시키고 싶어요."

그는 이야기를 하는 동안, '디벨로퍼developer'라는 말을 단 한 번도 꺼내지 않았지만, 그 누구보다 동네를 사랑하고 동네의 개성을 살리면서 발전시키기 위해 애쓰는 디벨로퍼였다. 자기가 살아온 동네를 사랑했고 함께하는 직원을 마음으로 대했다. 여러 곳에 무리하게 확장하기보다는 자신의 뿌리가 된 곳을 더욱 발전시키고자 노력하고 있었다. 절대로 과하지 않게 필요한 만큼의 선을 잘 지키고 있었다.

개발을 하다 보면 자칫 동네의 개성이 모두 사라지고, 재생을 논하다 보면 사용자의 편의가 뒷전이 될 수 있는데 그 사이의 균형을 잘 잡으며 뚜벅뚜벅 그만의 길을 잘 걸어가고 있었다. 월드 바리스타 챔피언을 배출한 이 카페가 앞으로 10년, 20년, 30년 그리고 100년에 이르기까지. 어떤 이야기를 써나갈지 기대되었다.

온천장의 강자, 모모스커피

🏠 부산 금정구 오시게로 20

📷 @momos_coffee

모모스를 찾아, 온천장역으로 갑니다

온천장역 뒤편에 자리 잡은 모모스커피. 높이 올라간 건물들이 즐비한 길 건너 상업지역과는 다른 뷰가 펼쳐진다. 나즈막하고 조용한 주거지에 위치한 모모스커피는 옛 시골마을에 온 듯한 편안함과 향수를 불러일으킨다. 맛집에 들렀다가 커피도 한잔 마시러 가는 손님의 비율보다는 오로지 모모스커피를 만나기 위해 방문하는 손님들의 비율이 높다.

좋은 커피를 합리적인 가격에

모모스커피 인근 식당들의 평균 식사 가격은 6,700원 수준이며, 커피 가격은 식사 가격의 약 46%인 3,100원에 형성되어 있다. 모모스커피의 오늘의 핸드드립은 아메리카노보다 500원 저렴한 5,000원으로, 주변 음식점 가격의 약 75%를 차지한다. 주변 물가를 고려할 때 커피 한 잔의 가격이 비싼 것이 아니냐는 견해도 간혹 있지만, 산지에서 직접 공수해 온 커피를 고즈넉한 정원에서 즐길 수 있다는 차별화 요소들이 기꺼이 5,000원을 지불하게 만든다.

공간의 규모가 주는 힘

모모스커피 정면과 마주하면 테이크아웃 매장 입구와 카페 입구가 분리되어 있는 걸 확인할 수 있다. 4평짜리 테이크아웃 매장으로 카페를 처음 시작했던 흔적의 일부다. 모모스커피 매출은 공간 면적 증가에 비례해 빠르게 상승했다. 매장을 확장했던 시기만 해도, 주변에 규모 있는 카페들이 흔하지 않았다고 한다. 4평짜리 테이크아웃 매장이었던 카페가 건물 전체로 확장하면서 부산에서는 큰 화제가 되었다. 흥미롭게도, 모모스커피의 건축물대장상 건축물의 명칭은 초가집이다. 널찍한 면적, 나무가 우거진 녹지 공간이 '모모스커피'를 브랜딩하는 주요 요소가 되어주고 있다.

주변 카페 기본 메뉴 평균가	본 카페 기본 메뉴 평균가	주변 식사 메뉴 평균가
3,100원	5,000원	6,700원

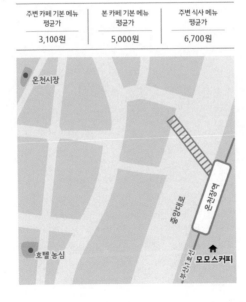

입지

동네에 녹아드는 오래가는 노포를
만들고 싶어 용산의 주택가 사이를 선택.

공간

초록색 벽, 노란색 커피 스탠드와 붉은색
로스팅 머신 등 강렬한 이탈리아 색감들이
서로 부딪히지 않고 잘 어우러지는 공간.

개성

한입 먹었을 때 누구나 '우와! 맛있다'라고
느낄 수 있는 커피를 파는 곳.

동네에 녹아드는 맛있는 에스프레소 바
바마셀

"바마셀(by My Self)이란 상호에는
오래갈 수 있는, 동네에 녹아드는,
손님들을 기억하는 매장을
제가 책임지겠다는 의미를 담았어요."

Bamaself

효창공원에 들렀던 토요일 오후, 집으로 돌아가려는데 이 근방에 괜찮은 카페가 있다던 지인의 이야기가 기억났다. 지도를 켜고 저장해두었던 카페 목록을 살펴보았다. 걸어서 7분 거리에 위치한 에스프레소 바. 2010년 한국 바리스타 챔피언 최현선 바리스타가 운영하는 카페, 바마셸이었다.

묵묵히 함께 걷던 남편은 '정말 여기에 카페가 있는 것이 맞아?'하며 고개를 갸우뚱거렸다. 그의 질문이 이상하지 않을 만큼, 바마셸로 향하는 골목은 주택들로 가득했다. 카페나 상업시설을 찾아보기 어려운 그런 조용한 동네. 서울 주요 상권인 홍대와 이태원에서 파이브 익스트랙츠5 Extracts를 운영하던 최현선 바리스타는 왜 하필 이곳 용산에 정착했을까?

하얀 외관의 가게 문을 열고 들어가니, 최 바리스타가 반갑게 맞이해주었다. 무엇을 마셔볼까 기대에 부풀어 메뉴를 살펴보는데 가격대가 조금 독특했다. 에스프레소와 카페 콘 쥬케로는 4,000원, 다른 메뉴들은 4,500원이었다. 무엇을 기준으로 가격을 정한

우리가 좋아하는 커피 공간

정한 것인지 궁금했다.

"에스프레소는 조금 비싼 것 같고, 다른 메뉴들은 가성비가 좋은 것 같
아요. 가격을 정한 어떤 기준이 있나요?"
"원두를 중요하게 생각해서, 에스프레소 샷을 기준으로 가격을 책정했
어요."

원두에 대한 자부심이 느껴지는 대답이었다. 기본이 되는 메뉴
인 에스프레소와 카페 콘 쥬케로를 한 잔씩 주문했다. 쫀득하게
뽑혀 나온 에스프레소는 묵직한 이탈리안 에스프레소와 조금 달
랐다. 바마셀에서는 기존의 에스프레소 블렌딩과는 조금 다른 방
식으로 원두를 배합해 오렌지처럼 화사하고 산미 있는 에스프레
소를 추출하고 있었다. 여기에 설탕을 추가하면 단맛, 쓴맛, 신맛
이 어우러져 더욱 더 맛있는 커피를 즐길 수 있었다. 에스프레소
를 한 잔 마신 후, 설탕을 미리 넣어 추출했다는 카페 콘 쥬케로를
맛보려고 하는데 컵이 비워져 있었다. 남편이 먼저 마셔버린 것이
었다. 그의 표정을 보니 커피 맛이 꽤 만족스러운 것 같았다. '설
탕이 들어가서 새콤달콤하니, 맛있었겠지.' 의리가 없다고 툴툴거
리며 주변을 둘러보는데, 가게 한편에 쓰인 '인생은 혼자다'라는
문구가 보여 피식 웃음이 났다.

"카페 콘 쥬케로라는 메뉴는 처음 보았는데 이탈리아에 그런 메뉴가 원
래 있나요?"

2
3
4

(layout with box 1 on the left spanning boxes 2, 3, 4 on the right)

1   진녹색의 벽면과 노란색 커피바, 빨간색 로스터,
     강렬한 이탈리아 컬러가 조화를 이룬다.

2   바 맞은편에 놓은 의자의 색도 알록달록하다.

3   바리스타가 엄선한 원두로 제공되는 각 메뉴의
     차이를 설명한 메뉴판

4   에스프레소를 추출하는 최현선 바리스타

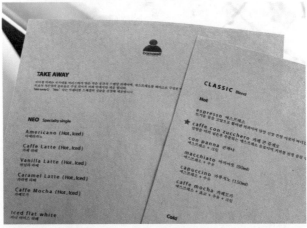

TAKE AWAY

바바렐 커피는 로부스타 아라비카의 맑은 맛을 살리고 스페셜 커피에서, 에스프레소로 테이스트 다양한 커피로 작은양의 다양성을 구성 피어서 바로 만나보실 수 있습니다. Take away는 'Neo' 라는 브랜드와 스페셜 단일을 선정해 제공해드립니다

NEO Specialty single

Americano (Hot, Iced)
아메리카노

Caffe Latte (Hot, Iced)
카페 라떼

Vanilla Latte (Hot, Iced)
바닐라 라떼

Caramel Latte (Hot, Iced)
카라멜 라떼

Caffe Mocha (Hot, Iced)
카페모카

Iced flat white
아이스 아이스 라떼

CLASSIC Blend

Hot

espresso 에스프레소
진가운 물을 고압으로 팔아낸 커피여서 양은 적고 진맛 쓰고에 바디가

★ caffe con zucchero 카페 콘 주케로
설탕을 녹인 달콤한 수준되는 에스프레소 음료여서 커피를 진한 음료 녹

con panna 콘파나
에스프레소 + 크림

macchiato 마끼아또 (90ml)
에스프레소 + 우유

capuccino 카푸치노 (150ml)
에스프레소 + 우유

caffe mocha 카페모카
에스프레소 + 초코 + 우유 + 크림

Cold

"카페 콘 쥬케로는 저희가 만든 메뉴예요. 예전에 이태원에서 매장을 운영할 때, 재미있는 현상을 발견했어요. 외국인 손님들은 에스프레소에 대부분 설탕을 넣어 드시는데, 내국인 손님들은 설탕을 넣지 않고 그대로 드시더라고요. 그런데 사실 에스프레소는 설탕을 넣으면 단맛, 신맛, 쓴맛이 복합적으로 풍부해지고, 질감도 더 실키해지거든요. 손님들이 설탕을 넣어 좀 더 맛있게 에스프레소를 즐기셨으면 하는 마음에 카페 콘 쥬케로라는 메뉴를 새로 만들었어요."

그의 이야기를 들으며 가게를 찬찬히 둘러보는데 가게 내부의 인테리어가 상당히 감각적이었다. 초록색 벽, 노란색 커피 스탠드와 붉은색 로스팅 머신. 신기한 것은 이 개성 강한 색들이 서로 부딪히지 않고, 부드럽게 잘 어우러진다는 점이었다. 어떻게 이런 공간을 꾸미게 되었냐는 질문에 그는 웃으며 대답했다.

"예전에는 하얀색 배경에 대리석 인테리어로 매장을 오픈했었어요. 세련된 느낌을 추구했던 것 같아요. 그런데 막상 지내보니까 오랫동안 머물기에 불편하더라고요. 그래서 이곳을 오픈할 때는 제가 온종일 편하게 있을 수 있고, 손님들도 거리낌없이 들러주셨으면 하는 마음이었어요. 전체 배경은 초록색, 나머지는 이탈리아에서 자주 쓰는 노란색과 빨간색 가구나 소품들을 써서 재미있게 구성해보았어요."

한 잔만으로는 아쉬워 다른 것을 더 맛보기로 했다. 같은 값이면 풍성한 메뉴가 좋을 것 같아, 트리콜로레를 주문했다. 카페크레마, 그라니따, 우유젤라토, 세 가지 아이스크림이 한 컵에 나오는 메뉴였다.

커다란 유리컵에 담겨 나온 아이스크림은 섬세했다. 부드러운 커피 크림카페크레마, 진하고 사각거리는 커피 얼음그라니따, 우유젤라토가 각기 다른 질감으로 어우러지고 있었다. 특히 커피 얼음은 산미 있는 에스프레소에 설탕을 더해 특유의 새콤달콤함에 쌉싸름한 맛이 더해져 좋았다. 커피에 관한 다양한 고민을 담은 풍성하고 섬세한 메뉴였다. 누군가 이 집의 추천 메뉴를 묻는다면, 머뭇거리지 않고 이 아이스크림을 꼽을 것 같았다.

"이탈리아에 가면 이런 메뉴가 있나요?"
"원래는 모두 독자적인 개별 메뉴예요. 그런데 혼자 오신 손님들이 하나씩 주문해서 드시기 어려우니까 한 컵에 몽땅 담아드리는 걸로 만들어보았어요."

사람들이 에스프레소를 좀 더 편하게, 즐겁게 받아들였으면 좋겠다는 최현선 바리스타의 생각은 트리콜로레를 통해 잘 표현되고 있었다.

"제가 생각하는 맛있는 커피란, 고민하고 분석을 했을 때 맛있는 게 아니라 그냥 한입 먹었을 때 누구나 '우와! 맛있다'라고 느낄 수 있는 커피예요. 저도 그런 커피를 만들고 싶고요."

그의 이야기를 들으면서 트리콜로레를 맛보니 그가 추구하는 커피가 무엇인지 조금은 이해가 되는 것 같았다. 그런데, 왜 하필

1 2 트리콜로레를 제조하는 모습과 완성된
트리콜로레. 투명한 잔 속에 층층이 쌓여 있는
각 재료를 확인할 수 있다.

이곳 용산에 자리를 잡은 것인지 묻자 동네에 녹아드는 오래가는 노포를 만들고 싶었다는 대답이 돌아왔다.

"한자리에서 쭉 오래 할 수 있는 가게를 찾다 보니 이 동네가 괜찮아 보였어요. 임대료 부담도 없고, 계약도 오래 할 수 있으면서 동네 사람들이 오랫동안 편하게 찾아줄 만한 곳을 찾다 보니 여기더라고요. 홍대와 이태원에서 매장을 운영할 때는 위치나 시스템상, 찾아주신 손님들을 모두 기억하기 어려웠던 게 아쉬웠어요. 바리스타에게 가장 큰 기쁨은 커피를 건네며 맛있게 드시는 손님들의 표정들을 보는 것인데, 예전에는 그렇게 하기가 힘들었죠."

최 바리스타는 그런 의미에서 오래갈 수 있는, 동네에 녹아드는, 손님들을 기억하는 매장을 책임지고 만들겠다는 의미에서 바마셀by My Self이란 상호를 선택했다고 말했다. 초록색의 세련되고 감각적인 이탈리안 에스프레소 바가 동네의 자그마한 사랑방처럼 느껴졌다. 곰곰이 생각해보면 어렵고 딱딱하게만 느껴지는 이탈리아의 에스프레소 바도 그 동네 사람들의 모닝 커피를 챙겨주는 사랑방일 거라는 생각이 들었다. 노련한 바리스타가 건네는 커피 한 잔을 마시며 이 동네가 조금은 더 따뜻해질 수 있을 것 같다 기대했던 시간이었다.

용산 경찰서 인근, 조용한 주거지에 자리 잡은 바마셀

🏠 서울 용산구 원효로89길 12
🔘 @bamaself_coffee

여기에도 카페가 있나요?

효창공원에서 나와 남영역까지 가는 길목에 위치한 바마셀. 국가대표 바리스타가 운영하는 에스프레소 바가 있다고 믿기에는 다소 낯선 입지였다. 처음 이곳에 도착했을 때 들었던 의문은 단 하나, '과연 이곳까지 사람들이 찾아올 수 있을까?'였다.

작고 구석진 곳에 있지만 손님들은 꾸준히

카페가 다소 외딴 곳에 위치했다고 생각했다. 하지만, 가게에 머물며 손님들을 관찰하니 의외로 주변 직장인들과 커피 마니아들이 끊임없이 들어오고 있었다. 카페 자리는 주거지역에 있지만, '열정도' 등의 상업 지구, 남영역과 가깝다는 점, 멀지 않은 곳에 효창공원과 숙명여대, 용산경찰서 등이 있어 전설의 바리스타와 다양한 주변 요소들이 시너지를 일으키고 있었다.

화사한 에스프레소, 4,000원

바마셀 인근 식당들의 평균 식사 가격은 7,400원 수준이며, 커피 가격은 식사 가격의 약 46%인 3,400원에 형성되어 있었다. 바마셀의 메인 메뉴인 에스프레소는 4,000원 선으로 주변 음식점 가격의 약 54%를 차지한다. 처음에는 조금 비싸다고 생각되었지만, 맛을 보니 수긍이 되었다. 여타 에스프레소와 달리 쌉쌀한 맛보다는 산미와 단맛이 강조된 화사한 에스프레소. 오랜 시간 커피를 연구한 바리스타의 노하우가 녹아 있어 메뉴의 독창성이 돋보였다. 에스프레소 가격만 살펴보면 비싸게 여겨질 수도 있다. 하지만, 아포가토나 트리콜로레 같은 창작 메뉴들의 가격이 4,500원인 것 등을 종합적으로 고려했을 때 전반적으로는 합리적인 가격대를 형성하고 있다. 대부분의 카페들이 우유 등 부재료를 고려해 가격을 산정하는 것과 달리, 바마셀은 에스프레소 샷을 기준으로 가격을 산정했기 때문이었다. 기본 메뉴의 가격을 올리고 메뉴별 가격 편차를 줄인 것은, 많은 인원을 수용할 수 없는 1인 매장 특성상, 꾸준히 운영할 수 있는 하나의 방법이 될 수 있을 것이다.

주변 카페 기본 메뉴 평균가	본 카페 기본 메뉴 평균가	주변 식사 메뉴 평균가
3,400원	4,000원	7,400원

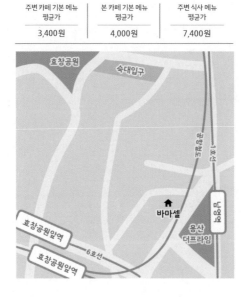

입지

북적이는 평촌 학원가 골목,
이면에 자리 잡은 카페.

공간

검은색 톤의 무채색 공간,
바리스타가 커피를 추출하는 모습을
한눈에 바라볼 수 있는 구조.

개성

커피가 곧 서명이 되는 곳, 발걸음을
서두르지는 않지만, 자신의 색깔이 담긴
커피를 바탕으로 차근차근 성장해나가는 곳.

서명이 담긴 커피 한 잔

시그니쳐로스터스

"저희 카페의 모토가 'Not first, but best'예요.
1등은 아니지만 최선을 다한다는 뜻이지요.
저희는 늘 최선을 다해 커피를 내릴 거예요.
그리고 손님들께서 이 집 커피,
진짜 맛있다고 기억해주신다면 좋겠어요."

SIGNATURE ROASTERS

◯　◯　◎◎◎◎

　　맛있는 커피 한잔을 만날 수 있는 카페를 찾을 때에는 여러 방
법을 동원한다. 실제로 가장 많이 택하는 방법은 지나가다 맛있을
것 같은 가게에 훌쩍 들어가는 것이다. 하지만 사전 리뷰나 경험
없이 방문하는 것만으로는 아무래도 한계가 있어 SNS의 다양한
후기들을 살펴보기도 하고, 지인들의 추천에도 귀를 기울인다. 그
중 가장 실패가 적은 방법은 커피를 잘 다루는 바리스타에게 추
천을 받는 것이다.

　　자주 가는 카페에 느지막이 도착했던 어느 날이었다. 마감 시간
이 다 되어 커피를 마실 수 있을까 했는데 아니나 다를까 원두가
모두 소진되었다고 했다. 바리스타는 조심스레 말을 건넸다.

**"제가 좋아하는 카페의 원두를 사 왔는데, 괜찮으시다면 그걸로 내려드
려도 될까요?"**

어떠한 원두일지 궁금한 마음에 부탁했다. 건네받은 커피는 끝

맛이 매우 깔끔할 뿐만 아니라 시간이 조금 지나도 그 맛이 크게 변하지 않고 지속되었다. 식을 때 산미가 올라오는 커피는 끝까지 맛있게 마시기가 어려운데 이 커피는 마지막 한 모금까지 기분 좋게 마실 수 있었다. 커피가 참 괜찮다고, 어디에서 파는 커피인지 묻자, 나의 반응을 예상했다는 듯 바리스타는 싱긋 웃으며 대답했다.

> "로스팅 천재라 불리는 분이 운영하는 카페예요. 가게는 안양에 있어요."

로스팅 천재의 카페가 궁금해져 어머니와 함께 토요일 오후에 안양으로 향했다. 가게는 평촌 학원가 골목 안에 위치해 있었다. 학원이 즐비한 대로변을 지나 들어가니 한적한 골목에 '시그니처 로스터스'의 간판이 보였다. 검은색 톤의 군더더기 없는 세련된 카페였다. 대표 메뉴를 추천해 달라고 하자 직원들의 휴무로 매장을 전담하고 있던 장문규 대표는 머뭇거리며 대답했다.

"아인슈페너˚도 많이 드시고, 오렌지 라떼도 좋아하세요."

둘 다 맛있어 보여 한참을 고민하다 오렌지 라떼를 주문하고 자리에 앉았다.

방문 당시 가게는 리뉴얼을 마친 지 얼마 안됐다고 했다. 인근에 로스팅 공장을 따로 설립해 로스팅 머신들을 이전하고 기존 공간을 확장했다. 리뉴얼 전에는 가게 내부에 다양한 색들이 보여 불편했는데, 이제는 시그니처로스터스만의 색을 또렷하게 낼 수 있어 장 대표는 마음에 든다고 했다. 가운데 둥그런 테이블에 앉아 앞쪽의 커피바를 바라보니 검은 배경 속에서 하얀 포트를 잡고, 커피를 내리는 바리스타에게 저절로 이목이 집중되었다. 커피를 내리는 바리스타가 주인공인 카페였다.

오렌지 라떼가 나왔다. 달콤새콤하면서도 고소한 오렌지 라떼를 홀짝거리며, 왜 커피를 시작했는지 질문을 던졌다. 장대표는 천천히 대답했다.

"원래 전공은 일본어였어요. 군대를 제대했을 무렵에 드라마 〈커피프린스 1호점〉이 유명해졌죠. 그 영향으로 바리스타 학원을 다니게 되었어요. 그런데 커피가, 해보니까 정말 재미있는 거예요. 그때부터 계속하다 보니 여기까지 오게 됐네요."

처음에는 교육과 납품을 위주로 운영하기 위해 집 근처에 작은 매장을 열었다고 했다. 찾아주는 손님이 점점 늘자, 매장의 역할 또한 중요하다고 판단한 장 대표는 로스팅실을 확장 이전하고, 기존 매장을 리뉴얼하게 되었다며, 차근차근 성장한 시간들을 풀어냈다. 이야기를 새겨들으며 매장을 둘러보는데 여러 개의 트로피가 눈에 띄었다.

> "2014년에는 로스팅 챔피언을 하셨는데 2017년에는 브루어스컵 챔피언십*에서 준우승을 하셨네요. 보통 종목을 바꿔서 나가지는 않지 않나요?"
> "저는 로스팅을 하는 것도 좋아하지만, 브루잉을 더 좋아하거든요. 그래서 브루어스컵에도 도전하게 되었어요."

로스팅 챔피언으로서는 겸손한 대답이었지만, 한 잔씩 차분히 음료를 내리는 모습을 보니 무슨 말인지 알 것도 같았다. 손님이 몰려와도 절대 서두르는 법이 없었다. 그만의 템포에 맞춰 차근차근, 한 스텝 한 스텝 천천히 밟아가며 맛있는 커피를 내려주고 있었다.

시그니쳐로스터스가 어떤 의미를 담고 있는지 묻자, 말 그대로 '서명'을 담은 나만의 오롯한 커피를 내겠다는 뜻을 담았다는 대답이 돌아왔다. 커피를 맛보고 누가 만든 커피인지 가늠할 수 있

● **아인슈패너**Einspanner 따뜻한 아메리카노나 핸드드립 커피 위에 휘핑한 생크림을 올린 음료. 오스트리아 빈에서 유래되어 비엔나 커피(Vienna Coffee)라고도 하며, 오스트리아 마부들이 흔들리는 마차 위에서도 커피를 즐기기 위해 고안한 메뉴다.

● **한국 브루어스컵 챔피언십**KBrC, Korea Brewerscup Championship 월드 브루어스컵 챔피언십에 출전하는 국가대표 바리스타를 선출하는 대회로 브루잉 커피를 내리고 심사위원에게 시연한다.

1　커피와 오렌지가 상큼하게 어우러지는
　　오렌지 라떼

2　브루잉 커피를 추출하는 장문규 바리스타

3　로스팅 챔피언십과 브루어스컵 챔피언십
　　수상 트로피

4　화이트톤의 에스프레소 머신과 그라인더로
　　모던한 매장 분위기에 생기를 더했다.

5　각각의 큐브로 음료의 종류별로 구분해 놓은
　　메뉴판

```
┌─────────┐
│    1    │
├─────────┴──┐  ┌────┬────┐
│            │  │ 3  │ 4  │
│     2      │  ├────┴────┤
│            │  │    5    │
└────────────┘  └─────────┘
```

는 것이 쉬운 일이 아닌데 자신이 만드는 커피에 대한 묵묵한 자부심을 지켜나가려는 큰 꿈을 지닌 곳이라는 생각이 들었다.

사람들이 시그니쳐로스터스를 어떤 카페로 기억했으면 좋겠냐는 질문에 장대표는 웃으며 대답했다.

"저희 카페의 모토가 'Not first, but best'예요. 1등은 아니지만 최선을 다한다는 뜻이지요. 저희는 늘 최선을 다해 커피를 내릴 거예요. 그리고 손님들께서 이 집 커피, 진짜 맛있다고 기억해주신다면 좋겠어요."

대부분의 사람들은 카페를 차릴 때 입지 선택과 마케팅을 중요하게 생각한다. 하지만 장대표의 관심은 조금 다른 곳에 고정되어 있었다. '거기에 괜찮은 카페가 있다고?' 되물어볼 법한 학원가 뒤편이라는 생소한 위치에서 자신만의 로스팅 레시피로 맛있는 커피를 볶고 시그니쳐만의 색채가 담긴 커피를 쌓아가고 있었다.

장 대표는 무리해서 처음부터 화려하고 멋진 인테리어에 힘을 쏟기보다는, 자신의 속도를 유지하며 조금씩 앞을 향해 나아가고 있었다. 조그맣게 카페를 열고 커피를 팔았더니 사람들이 그 커피 맛을 알고 계속해서 찾기 시작했다. 원두 납품이 저절로 늘어났고 그렇게 자금을 모아 별도의 로스팅실을 세우고, 매장을 리모델링했다. 발걸음을 서두르지 않았지만 자신의 색깔이 담긴 커피, 그 서명을 간직한 카페를 잘 구축해나가고 있었다.

무언가를 시작할 때 보이는 것보다 보이지 않는 본질적인 가치에 주목해야 한다고, 좋은 생두를 수급하고 그것을 잘 볶아내는

우리가 좋아하는 커피 공간

기본에 집중한다면 사람들은 그 맛을 기억하고, 그곳을 다시 찾게 된다고. '시그니쳐로스터스'는 커피 한 잔으로 그 기본을 조용히 이야기하고 있었다.

학원가 뒤편에 자리한 로스터리, 시그니쳐로스터스

🏠 경기 안양시 동안구 평촌대로127번길 88 1층

📷 @signatureroasters

집에서 가까웠어요

평촌 학원가, 그것도 중심이나 대로변이 아닌 골목 뒤편 자리. 장문규 대표가
지금의 자리를 택한 까닭은 의외로 간단했다. "집에서 가까웠어요." 처음에는
설마 그렇게 단순한 이유로 자리를 정했을까 싶었는데, 생각해보니 일리 있는
대답이었다. 로스팅 챔피언의 로스터리 카페로 자리매김한 시그니쳐로스터스
는 '매장 매출'보다는 '원두 납품 매출'이 월등하게 높은 편이다. 이런 경우, 많
은 사람들이 오가는 입지도 중요하지만, 꾸준히 운영하고 관리할 수 있는 다른
요인이 더욱 중요할 수 있을 것이다. 이를테면 동네에 대해 잘 알면서 출퇴근하
기에 지치지 않는 적당한 거리 말이다.

동일한 가격, 우수한 품질의 커피 제공

시그니쳐로스터스 인근 식당들의 평균 식사 가격은 8,400원 수준이며, 커피 가
격은 식사 가격의 약 42%인 3,500원에 형성되어 있다. 시그니쳐로스터스의
아메리카노도 주변 카페 평균과 동일하게 3,500원이다. 학원가의 학생들과
선생님, 학부모를 대상으로 하는 상권의 특성상 가격 저항선이 있음을 인지하

고, 동네 평균과 동일한 가격에 우수한 품질의 커피를 제공하는 전략을 취한 것으로 보인다.

주변 카페 기본 메뉴 평균가	본 카페 기본 메뉴 평균가	주변 식사 메뉴 평균가
3,500원	3,500원	8,400원

입지

국군재정관리단(옛 육군중앙경리단)
정류장에서 비탈길로 한참 올라간 곳에 위치.
경리단길의 상권이 침체되어도
여전히 많은 사람들이 찾아오는 곳.

공간

일상에서 탈출해 휴가를 즐기는 기분을
만들어 주는 공간.

개성

보기에 예쁘고, 예상하지 못한 맛에
한 번 더 만족하는 '음료를 요리하는' 카페.
손님들의 마음에 집중하며 쌓은 4년 간의
시간으로 지금도 많은 이들의 사랑을 받는 곳.

그림 같은 커피 한 잔
씨스루

"제가 좋아하는 달처럼
늘 새로운 창작 메뉴를 내놓으면서 변화하지만,
언제나 묵묵히 같은 자리에서
사람들을 맞이하는 카페로 기억되고 싶어요."

C.through

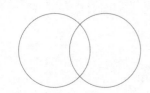

경리단길에 꼭 가보고 싶은 카페가 있었다. 두터운 팬덤을 보유한 이강빈 대표의 카페, 씨스루. 차가운 커피 위에 얹은 크림cream을 도화지 삼아 다양한 그림art을 그려내는 크리마트Creamart를 시연하는 곳이었다. 유튜브 영상으로 크리마트 강의를 여러 개 살펴보며 스누피, 이상한 나라의 앨리스, 알라딘 등 먹기에는 아까운 모습에 반해 꼭 한번 가봐야겠다 생각해 두었던 곳이었다. '크리마트'라는 독창적인 커피아트, 커피 레시피 분야를 창조해낸 이 대표는 컵 밖으로 크림이 주르륵 흘러내리는 '스카치노', 커다란 슈크림이 가득 올라간 '카라멜팅' 등 다양한 창작 메뉴를 활발히 개발하고 있었다.

버스를 타고 국군재정관리단옛 육군중앙경리단 정류장에 도착했다. 비탈길을 올라가며 주변을 둘러보니 수많은 공실이 보였다. '아, 경기가 확실히 나쁘구나.' 상권도 침체되고, 코로나19가 기승을 부리는 가운데 이 비탈까지 찾아오는 사람들이 과연 얼마나 될까 싶었다.

　한참을 걸어 씨스루에 도착했다. 입구부터 젊은 여성들의 취향을 저격할 만한 감성이 뿜어져 나왔다. 카페 안에는 꽤나 손님들이 많았다. 국내뿐만 아니라 해외 매체에도 소개되었기 때문일까? 젊은 여성들 외에 외국인들도 많이 보였다. 어려운 시기에도 많은 손님들이 찾아오는 것이 인상적이었다.

　'스카치노', '예뻤소다', '크리마트' 세 잔을 주문했다. 예쁘기만 하고 맛이 없으면 어떡하나 내심 걱정했는데, 섬세한 손길로 공들여 만드는 모습을 보니 안심이 되었다. 훈남 바리스타들이 모여있는 힙한 곳인 줄만 알았는데 그것이 전부는 아니었다. 멋지고 쿨해 보이는 겉모습만 신경쓰는 것이 아니라 음료를 만드는 것이 좋아 거기에 몰두하고 또 진지하게 임하는 마음이 고스란히 전해졌다.

　주문한 메뉴가 모래시계와 함께 나왔다. 스카치노는 크림이 굳을 수 있으니 모래시계 안의 모래가 다 떨어지기 전에 마시면 좋다는 이야기를 곁들여 주었다. 어떻게 해야 최적의 맛을 느낄 수 있을지 고민한 흔적이 역력했다.

스카치노를 한입 마셔보니 추억의 맛이 떠올랐다. 어릴 적 먹던 인디언 아저씨의 스카치 캔디라고 해야 할까? 냉장 숙성한 커피 위에 크림과 코코아를 듬뿍 올리고, 그 위에 크림을 한 번 더 부어 완성한 커피. 거품이 흐르다 못해 잔 받침에까지 넘쳐버린 이 더티커피는 독특했다. 달콤한 커피를 즐겨 먹지 않는 나의 취향은 아니었지만, 다른 사람들은 입맛에 잘 맞다고 했다. 커피 인구 중에서는 블랙커피를 즐기는 사람도 있고, 달콤한 믹스커피를 즐기는 사람도 있는데 보통은 달콤한 커피를 좋아하는 사람들의 비중이 높은 편이다. 이곳은 아무래도 비중이 높은 후자를 타깃한 느낌이었다.

"특별하지만, 남녀노소 모두 즐길 수 있는 대중적인 맛을 추구해요."

먹기 아까운 크리마트도, 드라이아이스가 화악 올라오는 퍼포먼스가 인상적이었던 예뻤소다도 좋았다. 메뉴도, 인테리어도, 경리단길과 잘 어울리는 카페였다. 틀에서 벗어나 말 그대로 봉인 해제된 느낌이 동네와 맞아떨어졌다. 최소한 이곳에 있는 시간만큼은 일상에서 탈출해 휴가를 즐기는 기분이었다.

그간 지가와 임대료가 급격히 상승하며 젠트리피케이션이 일어난 경리단길. 상권이 침체되었음에도 유독 이곳에 손님들이 많은 이유가 궁금했다.

"최근 경리단길에 공실이 많이 늘어났는데, 이곳 씨스루는 그런 여파에

관계없이 꾸준하게 손님들이 찾아오는 것 같아요. 이유가 뭘까요?"

"글쎄요, 꾸준함에 답이 있는 것 같아요. 대부분 경리단길 가게들은 월요일과 화요일에 문을 닫았는데 저희는 내부 방침상 명절 하루만 제외하고 매일같이 문을 열었어요."

이강빈 대표는 매장을 오픈한 지 얼마 되지 않았을 때, 해외에 심사를 나가야 하는데 당장 매장을 지킬 사람이 없어 난감했던 일화를 들려줬다. 멀리서 찾아온 손님들이 허탕을 치고 아쉬운 마음으로 돌아가지 않았으면 하는 마음에 결국 합류한 지 얼마 되지 않았던 이사님께 부탁을 드렸다고 했다.

"지금이야 훌륭한 로스터지만 당시에는 이사님도 전업한 지 얼마 되지 않았던 터라, 크리마트를 직접 제조하기 어려웠어요. 그래서 일단 콜드 브루 커피를 만들어두고 귤 한 박스를 사서 매장을 지켜달라고 부탁드렸 지요. 정상 영업은 어렵지만 손님들이 방문하면 양해를 구하고 콜드브루 한 잔, 귤이라도 하나씩 드시고 갈 수 있게요."

이 대표는 그때나 지금이나 씨스루에 오신 손님들이 좋은 기억을 가지고 나갔으면 하는 것이 자신의 바람이라고 말했다. 그런 노력들이 쌓여, 손님들께서 꾸준히 매장을 찾아주는 것 같다고도 덧붙였다. 보기에 멋진 음료만 파는 곳이라 오해할 법도 하지만, 이곳에 발걸음한 손님 한 명 한 명의 '마음'에 집중하고 있는 반전에 반전을 더하는 카페였다.

'C. Through'는 커피를 통해 사람과 사람이 만난다는 의미를

우리가 좋아하는 커피 공간

1	2		4
	3		5

ONLY COLD

스카치노 Scotchno

세상의 대표, 시그니처 메뉴.
스카치 캔디맛이 나는 감성을 닮은 커피.
C.Through Signature menu is a Coffee
with a 'Butter Scotch Candy' taste.

#스카치노 #SCOTCHIN

1 2 3   크리마트를 제조하는 이강빈 바리스타와
완성된 크리마트. 앙증맞은 아이의 표정이
사랑스럽다.

4   감성적인 사진과 캘리그라피로
꾸민 메뉴판, 사진은 스카치노를
소개하는 페이지

5   소박하지만 정갈하게 정리된
에스프레소 머신과 그라인더

담고 있다고 한다. 이야기를 듣고 보니 우리 사이에 커피가 놓여 있을 때 조금 더 편안하고 부드럽게 대화를 이어갈 수 있다는 걸 새삼 실감했다. 테이블 위에 놓인 커피를 바라보며 컵에 그려져 있는 달 모양이 눈에 띄어 어떤 의미가 있는지 물었다.

> "제가 달을 좋아해요. 어떨 땐 보름달, 어떨 땐 초승달로 시간에 따라 변화하며 여러 모습을 보이지만 항상 그 자리에, 곁에 있어주는 존재잖아요. 저희 씨스루도 새로운 창작 메뉴를 내놓으면서 변화하지만, 언제나 묵묵히 같은 자리에서 사람들을 맞이하는 카페로 기억되고 싶어요."

커피를 마시고 나오는데, 특별히 기억에 남았다던 손님 이야기가 오래 마음에 남았다.

> "너무 피곤했던 날이었어요. 부부로 보이는 손님이 오셔서 크리마트를 해달라고 요청하셨죠. 거절을 하고 싶었는데 알고 보니 두 분이 드실 것이 아니라 아이를 위해 부탁하신 것이었어요. 아이가 약간 몸이 불편한 친구였는데 거절을 할 수 없었어요. 그런데 말이에요. 그 녀석이 세상에서 정말 최고로 행복하다는 표정을 짓더라고요. 제 커피를 보고, 진심으로 좋아해주던 녀석을 보고 알았어요. 내가 왜 계속 이 일을 하고 있는지. 제 커피를 좋아해주시는 분들을 보며, 힘들어도 열심히 해야겠다는 마음을 다잡게 되는 것 같아요."

상권이 점차 침체되고 카페를 운영해나가기에 주변 상황이 악화되어가는 시기라면 무엇에 집중해야 하고 무엇을 무기 삼아 계속해서 버텨나가야 할까? 씨스루에서 커피를 마시며 깨달았다. 손님 한 사람, 한 사람을 귀하게 생각하고 그들이 느끼는 만족도에 집중하며 하루하루에 최선을 다할 때 사람들은 그 공간의 팬이 되고, 곧 그곳을 다시 찾게 된다는 것을.

'당신이 이 한 잔의 커피를 마시며 오늘 하루 즐거운 시간을 보냈으면 좋겠습니다.' 씨스루의 그 진심이 내게도 고스란히 전해진 것 같았다.

특별한 커피를 찾게 될 때, 씨스루

🏠 서울 용산구 녹사평대로40나길 37 니은빌딩

📷 @c.through

약속 장소로 주로 찾게 되는 곳, 경리단길

젠트리피케이션의 대명사가 된 경리단길은 원래는 조용한 주택지였다. 회나무
길을 따라 장진우거리가 조성되면서 신흥 리테일 상권으로 부상했지만, 임대
료와 지가가 가파르게 상승하면서 젠트리피케이션 현상이 심화됐다. 주요 오
피스 상업지구와 다소 거리가 있는 경리단길은 누군가를 만나기 위해, 핫한 카
페나 식당에 가보고 싶어 일부러 찾게 되는 지역 중 하나다. 특별한 날, 즐거운
경험을 원하는 사람들이 많이 모이는 곳. 그곳에 씨스루가 있었다.

특별한 커피, 특별한 경험

씨스루 인근 음식점들의 평균 식사 가격은 13,900원 수준이며, 커피 가격은 식
사 가격의 약 35%인 4,800원에 형성되어 있었다. 씨스루의 기본 메뉴인 아메
리카노는 5,000원으로, 인근 카페들의 평균과 유사하다. 기본 메뉴인 아메리
카노의 가격은 5,000원이지만, 시그니쳐 메뉴인 크리마트는 7,500원, 스카치
노는 6,000원이다. 시그니쳐 메뉴 가격이 주변 식사 메뉴 평균가격대비 50%
수준으로 비교적 높은 편이다. 재미있는 사실은 비싸다고 느끼는 사람들이 그

리 많지 않다는 것. 정성을 기울여 하나씩 그려 만들어주는 크리마트나, 보기만
해도 탄성을 지르게 되는 스카치노 등은 추억과 즐거움을 전하며 가격은 잠시
잊게 만든다.

주변 카페 기본 메뉴 평균가	본 카페 기본 메뉴 평균가	주변 식사 메뉴 평균가
4,800원	5,000원	13,900원

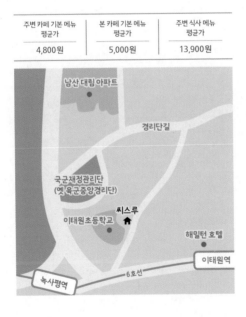

입지
인력사무소와 중국어로 쓰인 화려한 음식점
간판들이 즐비한 남구로역 인근.

공간
심야식당의 축소판. 마스터(주인장)와
손님이 도란도란 이야기를 나누고 음식을
먹을 수 있는 소박하지만 따뜻한 공간.

개성
고객의 취향에 맞춘 단 하나의 음료와
마스터의 디저트 페어링. 나의 취향을
인정하고 존중하며 내 입맛에 맞는
맛있는 커피를 내려주는 가게.

09

당신의 취향에 맞춰드립니다

이미 커피 로스터스

"'이미'는 '의미'라는 뜻의
일본어 '이미'에서 따온 이름이에요.
모든 공간이 획일화되는 것이 아니라
각각의 '의미'가 담기길 바라는 마음으로
네 개의 이미를 운영하고 있어요."

imi coffee roasters

십여 년 전 학창 시절, 시험이 끝나거나 좋은 일이 있을 때면 가던 카페가 있었다. 한적한 동교동 주택가에 자리 잡은 '이미imi'였다. 커피를 내리는 형과 빵을 굽는 동생이 사이좋게 운영하는 가게였다. 오렌지 안에 치즈 무스와 오렌지 껍질을 넣고 구워 내는 치즈케이크, '오치퐁'은 다른 곳에서 볼 수 없는 이 집만의 대표 메뉴였다. 새콤달콤한 디저트 한입에 커피 한 모금을 홀짝이면, 그동안 받았던 스트레스가 사라져 홀가분한 마음으로 나올 수 있었다.

사회생활을 하며 동교동과는 멀어졌지만, 스트레스를 받을 때면 가끔 그때 먹던 오치퐁이 떠오르곤 했다. 다른 카페에서는 먹을 수 없는 그 집만의 메뉴였으니까. 어느 날 저녁이었다. 퇴근 후, SNS를 둘러보고 있는데 '이미 커피 로스터스'가 피드에 떴다. 이미? 내가 아는 추억의 이미가 맞는지 유심히 살펴보니 맞았다. 네 번째 매장이었다. 동교동 이미를 필두로 홍대의 스퀘어 이미, 인사동 이미 그리고 남구로 이미 커피 로스터스가 네 번째 공간으로 운영되고 있었다. 이미는 지난 십 년 동안 자신만의 색깔을 바탕으로 각각의 지역에 뿌리를 내리며 차근차근 확장하고 있었다.

남구로에 오픈을 했다니. 궁금했다. 꽤 긴 시간 홍대 근처에서 잘 운영하고 있는 이미가 어떤 이유로 카페 상권과는 거리가 먼 남구로에 네 번째 매장을 열게 된 것일까? 토요일 오후 궁금함을 품은 채, 이미 커피 로스터스로 향했다. 남구로역 2번 출구를 지나니, 여러 인력사무소와 중국어로 쓰인 화려한 음식점 간판들이 보였다. 카페가 어디 있나 둘러보다 동네 분위기와 사뭇 다른 벽돌 건물을 발견했다.

문을 열고 들어가니, 이림 대표가 반갑게 맞이해주었다. 조용하고 차분한 가게. 화려한 색감이 가득했던 바깥 풍경과 전혀 다른, 무채색의 내부 공간이 도드라지게 대비되고 있었다. 무광 블랙과 브라운, 한 줌의 햇볕이 공간을 더욱 차분하고 아름답게 만들어주고 있었다. 가게가 참 예쁘다고 인사를 건네자, 이 대표는 수줍게 웃으며 대답했다.

"감사해요. 저와 아내가 하나하나 모았던 소품들로 가게를 꾸며 보았어요."

을지로 조명상가에 직접 가서 사 왔다는 검은색 무광 콘센트 하나에도 부부의 취향과 마음이 담겨 있었다. 카페에는 네 명이 앉을 수 있는 기다란 테이블이 놓여 있었다. 일본 만화 심야식당의 축소판 같은 곳이었다. 마스터 주인장와 손님이 도란도란 이야기를 나누고 음식을 먹을 수 있는 소박하지만 따뜻한 공간. 메뉴를

살펴보니, 음료는 한 종류였다. 비스포크bespoke. '말한 대로'라는 뜻에서 착안한 메뉴인 비스포크는 고객의 취향을 반영해 원하는 대로 만들어주겠다는 뜻을 담고 있었다. 디저트와 함께 즐기고 싶다면 '페어링 디저트 세트'를 시키면 되었다. 단, 디저트는 손님이 직접 선택할 수 없고 음료에 가장 어울리는 것을 마스터가 내어주는 시스템이었다.

디저트와 커피를 함께 마시고 싶어 페어링 세트를 주문했다. 이 대표는 3가지 원두 중 하나를 선택하라고 했다. 요거트 맛이 잘 느껴진다고 알려진 '콜롬비아 엘파라이소 리치Colombia - El Paraiso Lychee'를 드립 커피로 부탁했다. 동일한 원두로 크림을 가득 올린 커피를 마실 수도 있고, 설탕을 듬뿍 넣어 먹을 수도 있다고 했다. 누구든지 자신이 가장 좋아하는 맛, 원하는 취향의 커피를 선택할 수 있는 공간이었다.

디저트로는 '바닐라 러버'가 나왔다. 위쪽에는 하얀 바닐라 무스가, 아래쪽에는 씹히는 맛이 좋은 크럼블이 있었다. 사이사이 들어간 바닐라 사과 절임이 밸런스를 맞춰주고 있었다. 요구르트

우리가 좋아하는 커피 공간

향이 나는 커피를 한입 마시고, 디저트를 먹으니 바닐라 크림이 커피의 맛을 더욱 풍부하게 만들어주었다. 조화롭게 짝 지어지는 진정한 의미의 페어링이었다.

커피와 디저트를 한참 먹고 마시다 궁금한 것들을 하나하나 물었다. 동교동의 이미, 스퀘어 이미, 인사동 이미, 남구로의 이미 커피 로스터스는 각각 다른 개성을 지닌 공간 같은데 그렇게 만든 특별한 이유가 있느냐고. 모든 매장을 다르게 구성하는 것보다 하나의 매장 형태로 밀고 나가는 것이 오픈하기도 운영하기도 더 쉬울 것 같은데 말이다. 이 대표는 싱긋 웃으며 대답했다.

"'이미'는 일본어 '의미'에서 따온 이름이에요. 모든 공간이 획일화되는 것이 아니라 각각의 '의미'가 담기길 바라는 마음으로 네 개의 이미를 운영하고 있어요."

10여 년 전 홍대에 오픈할 때는 오치풍 같은 이미의 독자적인 ^서_{그녀쳐} 메뉴에만 오롯이 집중했고 스퀘어 이미는 빵에 좀 더 집중할 수 있는 매장으로, 인사동 이미는 직장인들을 위한 테이크아웃 매장으로, 그리고 이곳 남구로의 이미 커피 로스터스는 조금 특별한 날, 손님들이 나를 위한 선물처럼 여기며 찾을 수 있는 매장이 되길 바라며 운영하고 있다고 이 대표는 말했다.

소비 트렌드가 가성비에서 가심비를 더욱 중요하게 생각하는 쪽으로 변한 것도 매장의 형태가 바뀐 주요한 요인이라고 했다. 그러고 보니 앞의 세 매장보다 가장 나중에 오픈한 이미 커피 로스터스는 소비자의 '마음'에 포인트가 맞춰져 있었다. 맛있는 커피와 디저트를 먹는 것도 좋았지만, 심야식당의 마스터와 손님처럼 커피바의 바리스타와 이런저런 이야기도 나누고 나만의 취향이 담긴 메뉴를 주문해 즐길 수 있다는 점이 포근하고도 좋았다. 이곳 이미 커피 로스터스에서 이 대표는 손님들의 이야기를 귀담아 들으며 그들과 진정한 친구가 되어 가고 있었다.

카페로서는 유동인구도 많고, 우량 상권으로 알려진 홍대 근처에서 운영을 하다가 어떻게 남구로에 가게를 오픈하게 되었는지 여전히 궁금함을 내비치자 이 대표는 시원하게 답했다.

"여기는 10년 이상 임대할 수 있었어요."

임대료 때문에 이곳을 택했을 거라 어렴풋이 짐작은 했는데, 그들이 생각하는 가치를 지키기 위해 필요한 더 중요한 조건이 있었다. 바로 '오랫동안 걱정 없이 뿌리내릴 수 있는 공간'이어야 했

던 것.

"그래도 남구로는 카페 상권으로 자리 잡기에는, 기존의 상권 대비 대중
으로부터 너무 멀리 있지 않나요?"
"소비자들이 원하는 가치를 제공한다면, 요즘에는 산 중턱에 카페가 있
어도 찾아오시더라고요. 그곳에 오랫동안 시간을 쌓으며 손님들을 기다
리고 싶어요."

돌아오는 길, 마음 한 켠이 따뜻했다. 볼거리든, 먹을 거리든 모
든 것이 풍족하고 넘쳐나는 요즘 시대에 우리에게 진짜 필요한
것은 무엇일까? 나의 '취향'을 인정하고 존중하며, 내 입맛에 맛있
는 커피를 내려주는 가게. 시간이 흘러도 한결같이 그 자리에서
나를 맞아주는 친구 같은 가게가 우리에게 필요한 것은 아닐지.
여러 생각이 들었던 토요일 오후였다.

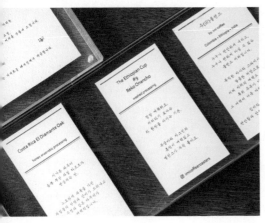

1　페어링 디저트 세트, 콜롬비아 드립 커피와
　　바닐라 러버

2　커피에 관한 설명을 다정한 어투로 알기
　　쉽게 설명해 놓은 카드

3　독특한 모양의 잔에 담긴 핸드드립 커피가
　　색다른 시각적 만족을 선사한다.

작정하고 만든 목적형 카페, 이미 커피 로스터스

🏠 서울 구로구 디지털로27길 116 101호

📷 @imicoffeeroasters

낯선 동네에 자리를 잡다

대림동과 남구로역 주변은 다문화 가정과 외국인 주민이 밀집한 곳이다. 주변에는 마라샹궈, 케밥 등의 이국적인 음식과 평범하고 서민적인 백반 식당들이 많이 보인다. 이미 커피 로스터스는 들어가는 입구부터 동네와 이질적인 공간이었다. 도쿄 아오야마의 어느 한적한 거리에 있을 것 같은 카페가 남구로역 주변에 있다니 생소할 법도 했다. 이곳은 지역주민과 유동 인구를 대상으로 운영하는 곳이 아니라 오로지, 이곳을 도착지로 하는 여정을 택한 손님들을 위한 카페였다.

찾아가는 거리만큼, 가격 부담에 대한 고민도 멀어지는

이미 커피 로스터스 인근 음식점들의 평균 식사 가격은 7,300원 수준이며, 커피 가격은 식사 가격의 약 45%인 3,300원에 형성되어 있다. 이미 커피 로스터스의 기본 메뉴인 비스포크 메뉴는 7,000원으로, 주변 평균 식사 가격과 거의 맞먹었다. 이미 커피 로스터스는 처음부터 '목적형'으로 설계된 카페이다. 고객 한 명 한 명을 위한 맞춤커피와 그에 걸맞은 디저트를 페어링 해주는 곳. 이곳만의 커피를 만나기 위해 사람들은 시간을 들여 7호선 끝자락 남구로역까지 찾는다. 매장의 면적이 넓지 않아, 기다리는 경우가 생기는 데도 마다하지 않는다. 목적형 카페들의 재미있는 현상은 그곳을 찾아가는 거리가 멀어질수록, 더욱 큰 마음을 먹고 찾아가기에 가격 저항이 덜하다는 점이다. 시간을 들인 노력만큼, 비싸다고 여길 수 있는 가격이 심리적으로 완화되고 있었다.

주변 카페 기본 메뉴 평균가	본 카페 기본 메뉴 평균가	주변 식사 메뉴 평균가
3,300원	7,000원	7,300원

입지

을지로 오피스 권역에서는 조금
떨어져 있지만, 점심시간 직장인들이
많이 모여드는 곳.

공간

건물의 정체성을 고려하여 설계된
매장들을 차례로 오픈하며, 끊임없이
새로운 도전 중. 종로 본점은 한적한
오피스가의 풍경을 바라보며 맛있는 커피와
디저트를 즐길 수 있는 것이 특징.

개성

치킨집보다도 폐업률이 높은 커피업으로
18년을 버틴 카페. 맛있는 커피와 디저트를
합리적인 가격에 제공하는 것이 비결.

일상에 녹아든 교과서 같은 카페

카페 뎀셀브즈

"지난 18년간 확장하지 않았어요.
우리만의 내실을 다지고 또 다졌죠.
그 내공을 바탕으로 이제는 좀 더 많은 분들의
일상에 가까이 다가가고자 해요."

Caffe Themselves

○ ⬭⬭⬭⬭⬭

오랜만에 카페 뎀셀브즈를 찾았다. 10여 년 전 이곳을 처음 알게 되었을 때 깜짝 놀랐더랬다. 뎀셀브즈는 당시에는 흔하지 않던 오페라 케이크Opera Cake*를 커피와 함께 판매하고 있었다. 인근 학원에서 수업을 마치고, 스터디를 빙자해 카페에서 먹기만 했던 옛 추억들이 지나갔다.

졸업을 하고, 사회생활을 하면서 자연스레 잊고 있던 카페 뎀셀브즈. 지인이 맛있는 원두를 샀다며 나누어 준 원두 덕에 그곳에 관한 기억들이 다시 떠올랐다. 선물받은 뎀셀브즈 원두는 맛과 향이 모두 좋았다. 예가체프 중에서도 과실의 매력이 단연 돋보였다. 생두의 선택은 탁월했고, 균일한 로스팅은 그 풍미를 잘 살리고 있었다. 확실히 커피에 대한 이해가 깊은 집이었다. 오랜만에 떠오른 기억에 반갑기도 하고, 원두도 좀 더 사고 싶어 종로 본점

● **오페라 케이크**Opera Cake 가나슈(초콜릿 크림)와 커피를 재료로 층층이 쌓아 만드는 직사각형 모양의 프랑스식 케이크.

으로 향했다.

평일 점심시간에 도착한 뎀셀브즈에는 사람들이 길게 줄을 서 있었다. 오픈한 지 18년이나 지난 이곳은 아직도 건재했다. 치킨 집보다 폐업률이 높은 업종이 카페인데, 어떻게 18년이라는 긴 세월을 견뎌내었을까? 잘 되던 때도 있고, 힘들었던 때도 있었을 텐데. 그들만의 비결이 궁금했다.

뎀셀브즈 종로 본점은 사실, 입지 면에서는 그리 출중한 편은 아니었다. 개발된 을지로 오피스 권역에서는 조금 떨어져 있었고, 심지어 건너편 삼일 빌딩은 공사 중이었다. 입지의 덕이라기보다는 뎀셀브즈였기에 오랫동안 버틸 수 있었던 것 같았다. 찬찬히 매장 내부를 살펴보니 메뉴의 구성과 가격이 '매출의 선순환'을 가능케 하고 있었다

3,500원부터 시작하는 이곳의 커피 가격은 직장인이 매일 마셔도 부담되지 않을 만큼 합리적이었다. 마시는 커피뿐만 아니

1	
2	3

1. 일자로 배치된 커피바, 은색의 머신과 천장의 네온사인 및 조명이 멋스럽게 어우러진다.

2. 직관적인 패키지가 돋보이는 뎀셀브즈 원두

3. 에스프레소 메뉴와 싱글 오리진 원두를 구분해 한눈에 들어오는 메뉴판

라, 판매하는 원두까지도 가격이 매력적이었다. 원두는 한 봉지당 150g에 만 원. 가격뿐만 아니라 퀄리티도 훌륭했다. 좋은 생두를 대량으로 수매하고, 대형 로링열풍식 로스터기을 사용하여 원두의 겉과 속을 균일하게 로스팅하고 있었다. 연간 최대 300t까지도 생산이 가능하다고 했다. 대량으로 커피를 생산하는 뎀셀브즈는 나 같은 일반 소비자도 좋은 원두를 합리적인 가격에 구매할 수 있도록 하고 있었다.

가장 먹음직스러워 보였던 레몬타르트를 골랐다. 비주얼이 워낙 예뻐 예쁘기만 하면 어떡하나 조금 걱정했는데 상큼한 레몬 케이크 시트와 새콤한 크림이 조화롭게 딱 떨어지는 맛이었다. 모양새만 흉내 낸 것이 아니라, 재료의 배합 비율을 꼼꼼히 잘 지켜 제대로 만든 디저트였다. 빵을 굽는 직원만 여섯 명이라고 하니 한국 베이커리형 카페의 원조라는 명성에 걸맞게, 실력과 품격을 유지하고 있었다.

보는 것을 넘어 실제로 맛볼 때 더욱 깊이를 느낄 수 있는 곳이었다. 합리적인 가격과 만족할 수 있는 맛, 내실 있는 공간으로 그야말로 교과서 같다고 할 수 있는 카페였다. 최근 김세윤 대표는 더 많은 사람들의 일상에 뎀셀브즈가 녹아들 수 있도록 새로운 공간에서의 매장 오픈을 시도하고 있었다. 힘을 축적하던 거인의 진격이 시작된 것일까?

"지난 18년간 확장하지 않았어요. 우리만의 내실을 다지고 또 다졌죠. 그 내공을 바탕으로 이제는 좀 더 많은 분들의 일상에 가까이 다가가고자 해요."

1 베이킹실에서 오페라 케이크를 제조 중인
   베이커

2 특유의 쌉쌀한 맛을 덜어낸 맛이 일품인
   뎀셀브즈의 콜드브루 캔커피

3 아이스 카페 라떼와 아이스 아메리카노

4 층층이 쌓인 시트와 크림, 머랭의 질감이
   돋보이는 레몬 치즈 케이크와 아메리카노

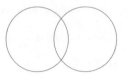

| 1 |
| 2 |

| 3 |
| 4 |

뎀셀브즈가 향한 다음 행선지는 청담동이었다. 영동대로 남단 교차로에서 조금 걸어 내려오면 보이는 신영빌딩에 자리 잡고 있었다. 건물 주변에는 여러 동의 오피스, 아파트, 호텔도 보였다. 다양하고 복합적인 수요가 존재하는 곳이었다.

건물의 문을 열고 들어가니, 뎀셀브즈는 1층 로비에서 환하게 손님들을 맞이하고 있었다. 청담점의 흥미로운 점은 시크한 블랙 톤의 본점과 달리 밝은 화이트 톤으로 브랜딩해 건물에 녹아들고 있다는 것이었다. 카페 고유의 색채가 지나치게 강하면, 건물과 조화를 이루기 어려운데, 뎀셀브즈 청담점은 본연의 정체성을 잃지 않으면서 자연스럽게 건물 분위기와 어우러지고 있었다.

메뉴 또한 오피스에서 일하는 직원들에게 필요한 아이템들로만 선별되어 구성되어 있었다. 에그산도, 에그마요 샌드위치, 크루아상 샌드위치 등 기존 뎀셀브즈의 메뉴 가운데서도 직장인들을 위한 메뉴 위주로 선택과 집중을 꾀하고 있었다. 매장을 확장하면, '확장' 자체에 초점을 두고 기존의 메뉴와 브랜드를 유지해 그대로 옮겨오는 경우가 있지만, 뎀셀브즈는 해당 입지와 수요를 고려해 조금씩 진화하고 있었다. 본점과는 사뭇 다른 이미지였지만, 그럼에도 맛과 퀄리티는 한결같았다.

그들의 도전을 보며 여러 생각이 들었다. 언제나 새로운 것을 먼저 시도하고 앞서 나갔던 뎀셀브즈. 베이커리 카페가 거의 없고 바리스타가 전문성을 인정받지 못하던 시절, 그들은 제빵사를 직접 고용해 베이커리 메뉴를 선보였고, 바리스타들을 대회에 내보내고 지원하며 바리스타들의 사관학교가 되었다.

회사 바로 옆 건물에 뎀셀브즈의 새로운 매장이 곧 생긴다던데.

우리가 좋아하는 커피 공간

아침에 뎀셀브즈에서 커피를 테이크아웃해 출근하게 될 모습을 상상하니 기분이 좋아졌다. 18년 동안 한국 커피의 정석을 써 내려갔던 뎀셀브즈. 그들이 앞으로 쓰게 될 새로운 페이지에는 어떤 이야기가 담길지 궁금해졌다.

지역 수요가 공간과 메뉴를 결정한다, 카페 뎀셀브즈

🏠 서울 종로구 삼일대로 388 (종로 본점)

⊙ @caffe_themselves

지역의 수요를 읽은 공간

뎀셀브즈 주변은 직장인과 학생들의 교차 수요가 많은 지역이다. 인근 오피스 직장인들은 짧은 점심시간에 1층에서 테이크아웃을 해간다. 반면 YBM, 파고다어학원 등 학원을 오가는 학생들은 수업 전후로 음료와 간단한 디저트를 주문해 2층에서 머물다 가는 편이다. 주문 및 픽업이 주요 공간인 1층과 조용하게 머무를 수 있는 2층이 구분되어 있어 각각의 목적에 맞춰 이용할 수 있다.

동네 평균가 대비 합리적인 커피 가격

뎀셀브즈 인근 음식점들의 평균 식사 가격은 7,000원 수준이다. 주변 카페는 기본 메뉴인 아메리카노가 식사 가격의 55%인 3,900원에 형성되어 있다. 뎀셀브즈는 3,500원에 아메리카노를 제공하며, 오늘의 커피는 이보다 더 저렴한 3,000원에 제공하고 있다.

샌드위치 콤보를 판매하는 이유

원두를 대량으로 로스팅하는 뎀셀브즈의 커피 가격은 비교적 높지 않다. 그런데 실제 객단가는 주변과 대비해 낮지 않다. 함께 판매하는 베이커리류를 강화했기 때문이다. 도보 1~2분 거리에 위치한 대형 학원을 찾는 학생들은 공부를 하면서 간편하게 식사를 해결하기 위해 샌드위치나 달달한 디저트를 찾는다. 뎀셀브즈는 베이커리 키친을 따로 운영하며 소비자의 수요를 맞추고 있다.

주변 카페 기본 메뉴 평균가	본 카페 기본 메뉴 평균가	주변 식사 메뉴 평균가
3,900원	3,500원	7,000원

입지

연남동 메인 스트림에서 벗어난
동북 방향에 위치.

공간

하얀 바탕의 도화지 같은 공간에
색으로 표현한 커피들이 돋보이는 곳.

개성

무조건 비싼 원두를 판매하는 것이 아니라
좋은 원두를 제값에 판매하는 곳.
커피 산지에 따라 제공 방식을 달리해
고객에게 즐거운 커피 경험을 선사하는 곳.

11

색으로 표현하는 직관적인 커피
커피그래피티 연남

"커피를 진심으로 좋아하는
사람들이 모여, 원하는 커피를 마음껏
만들 수 있는 공간이 되었으면 해요."

COFFEE GRAFFITI

    2009년 월드 바리스타 챔피언십에서 5위를 차지했던 이종훈 바리스타의 '커피그래피티'는 선유도에서 시작해 로스팅 컴퍼니로 입지를 다져왔다. 서울에서 커피를 잘한다고 소문난 카페에 가보면 그래피티의 원두를 사용하는 경우가 많이 있었다. B2B에 집중하던 그래피티는 2019년부터 B2C*에도 초점을 맞추며 일반 손님들도 쉽게 찾을 수 있는 연남동 쇼룸을 오픈했다. 온라인으로만 주문하던 손님들이 원두를 매장에서 직접 맛보고 구매할 수 있어 그래피티 커피를 더욱 현장감 있게 즐길 수 있게 됐다.

    그래피티 연남점은 조금 특이한 곳에 자리해 있었다. 연남동에 진입하는 구간은 크게 두 곳으로 나뉜다. '경의선 숲길'을 통해 들어가거나 '동진 시장'을 통해 들어가는 코스. 그래서 동진시장에서 출발해 성미산로를 따라 쭉 올라가는 길이 한 축, 경의선 숲길

● **B2B, B2C** B2B는 'Business To Business'의 약자로 기업과 기업, B2C는 'Business To Customer'의 약자로 기업과 일반 소비자와의 거래 및 마케팅 전략을 일컫는 용어이다.

의 첫 관문에서 동교로를 따라 쭉 올라가는 길이 다른 한 축으로 그 일대의 유동인구가 다른 곳보다 비교적 높았다. 대부분의 카페들은 이 두 축을 중심으로 포진해 있었다. 특히 성미산로와 동교로가 교차하는 사거리를 중심으로 동북쪽보다는 서남쪽에 위치해 있었다.

그래피티의 위치가 특이했던 것은 메인 스트림에서 벗어난 동북 방향에 자리해 있었기 때문이었다. 쇼룸의 특성상, 조금 큰 매장이 필요했고 접근성이 좋으면서도 권리금이 없는 곳을 찾다 보니 신축 건물이 위치한 지금의 입지를 찾게 되었다고 이종훈 대표는 말했다.

매장에 들어가니 새로운 커피들이 보였다. '라벨 W', '라벨 O', '라벨 I' 이건 무언가 싶어 한참을 바라보는데 바리스타가 인사를 하며 다가왔다.

"안녕하세요! 무엇을 도와드릴까요?"

나는 웃으며 대답했다. 새로운 제품이 출시된 것 같은데, 무엇을 사면 좋을지 몰라 바라보고 있었다고. 그녀는 라벨 시리즈를 가리키며 이야기했다.

"이 제품들은 블렌딩 원두 시리즈인데, 라벨 W는 가볍고 화사하게 퍼지는 맛 때문에 수채화Water Color에서 이름을 따왔어요. 라벨 O는 조금 무겁고 우유와의 조화가 좋아요. 그래서 유화Oil Paint에서 이름을 따왔고요. 마지막 라벨 I는 이탈리안Italian에서 따왔는데요. 진한 에스프레소

맛이 특징이랍니다."

생두를 수입해 올 때마다 플레이버 휠*을 놓고 대표적인 맛을 하나의 색으로 표현해내던 그래피티. 그들은 그 색들을 모아 그림을 그려내고, 다시 자신만의 색상으로 표현해내고 있었다. 궁금한 마음에 라벨 W와 라벨 O를 하나씩 구입했다. 가격은 200g에 9,000원. 가격이 맞는지 다시 확인했다. 그도 그럴 것이 그래피티는 고가의 원두를 판매하는 로스터리로 유명했기 때문이었다.

"너무 저렴한 것 같은데요?"
"원두 가격은 생두 가격에 비례해서 책정되니까요."

그녀의 대답에 고개가 끄덕여졌다. 그래피티는 무조건 비싼 원두를 판매하는 곳이 아니라, 좋은 생두를 들여와 가공하고 제값에 판매하는 곳이었다. 최근 들여오기 시작했던 예멘 커피도 주문했다. 한 잔에 15,000원짜리와 9,000원짜리 두 종류가 있었다. 조금 더 비싼 것은 어떤 이유일지 궁금해 거금을 들여 주문했다. 조금 뒤 황동 주전자에 화려한 금박 문양이 들어간 잔과 함께 커피가 나왔다.

"중동에서는 귀한 손님이 오면 샤프란이 담긴 주전자에 커피를 우려서

● **플레이버 휠**Flavor Wheel 커피의 향과 맛을 평가하는 향미 분류표로 다양한 커피 향미의 특성을 공통의 기준으로 평가할 수 있다.

1   2   황동 주전자와 금박 문양의 커피잔과 함께
          제공되는 예멘 커피

1

2

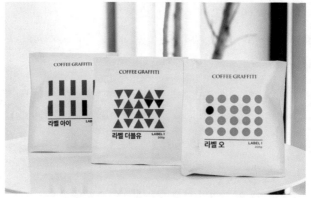

1   색으로 표현한 커피들이 천장 선반에
층층이 쌓여 있는 모습

2   모던하면서도 따뜻한 조명이 인상적인
커피바

3   매장에서 소개하는 싱글 오리진 정보 카드.
산지, 농장 정보, 생산자, 품종, 가공방식,
해발고도 등이 꼼꼼히 적혀 있다.

4   커피그래피티의 라벨 아이, 라벨 더블유,
라벨 오 블랜드

대접해요. 그 맛을 느껴보실 수 있도록 잔을 두 개 준비했고요. 처음에는
오른쪽 빈 잔에 따라서 커피 고유의 맛을 느껴보시고, 그 다음에는 샤프
란이 담긴 왼쪽 잔에 따라 우린 후에 드셔보세요.”

꽤나 신기한 방법이었다. 우선 그냥 한 잔을 먼저 마셨다. 부드
럽고 실키한 커피. 화사하면서도 쌉쌀함이 느껴지는 초콜릿 아이
스크림 같은 커피였다. 역시 우아함의 대명사인 예멘 커피다웠다.
이번에는 샤프란이 담긴 컵에 담아 마셔보았다. ‘우와!’ 갑자기 커
피의 색이 확 밝아졌다. 초콜릿 아이스크림 같던 커피가 화사하고
밝은 황금색의 커피로 탈바꿈했다. 그래피티에서 이 커피의 색상
을 왜 금색으로 표현했는지 이해할 수 있었다.

번거롭게 왜 산지에서 사용하는 컵과 도구들까지도 모두 사오
냐는 질문에 ‘그곳에서만 느낄 수 있는 경험을, 이곳 그래피티 매
장에서 느끼게 해주고 싶었다.’는 이종훈 대표의 말이 따라왔다.

한국 바리스타 챔피언십에서 세 번이나 우승한 커피업계의 전
설 이종훈 대표. 커피의 맛을 더욱 또렷하게 살리고 새기는 일을
하고 싶어 그래피티라는 이름을 쓰게 됐다는 그의 말이 인상적이
었다. 이종훈 대표는 최소 3년의 시간을 두고 꾸준히 커핑*을 해
본 후, 맛이 안정적이라 판단되면 생두를 수입한다고 했다. 그렇
게 수입한 원두는, 직원들과 함께 플레이버 휠에서 고른 색상으로
맛을 표현한다. 대표적인 맛을 정의한 후, 그 맛을 가장 잘 나타낼

● **커핑**Cupping 커피 고유의 향미를 일정한 기준에 따라 평가하는 작업으로 재배, 가공, 로스
팅, 추출 단계에서 품질 관리 및 다양한 목적으로 활용된다.

수 있는 로스팅 기법을 거쳐 커피 고유의 맛을 표현하고 있었다.

색을 통해 커피를 표현하는 그래피티. 그들은 계속해서 조금 더 나아가고 있었다. 자신들이 표현한 색의 커피로 수채화도 유화도 그려내고 있었다. 또한 산지에서 커피를 즐기는 사람들의 방식을 포착해 국내에서도 그 커피의 색깔을 온전히 느낄 수 있도록 정성을 쏟고 있었다. 커피를 진심으로 좋아하는 사람들이 모여 원하는 커피를 마음껏 만들 수 있는 공간이 되었으면 한다는 이 대표의 마음이 느껴졌다.

동행했던 친구에게 커피값이 조금 비싸게 여겨지지 않았는지, 또 방문하고 싶은 의사가 있는지 넌지시 물었다.

"이곳에 오니, 잠시 일상을 벗어나 여행 갔다 온 느낌이 들어. 그 좋은 기억 때문에 또 오고 싶어."

그래피티는 생두의 특성을 섬세하게 잘 이해하고, 색으로 표현하는 곳이었다. 세계 그 어느 카페의 원두와 비교해도 손색이 없을 정도로 우수한 커피를 제공하는 곳이었다. 굳이 연남동 메인 스트림에 위치하지 않더라도 충분히 발걸음 할 만한 가치가 있는 곳, 그래피티의 팬이 되어 버린 토요일 오후였다.

쇼룸의 적절한 위치는 어디일까, 커피그래피티 연남

🏠 서울 마포구 동교로 278 지층

⊙ @coffeegraffiti

메인스트림에서 조금 벗어난 연남동

선유도에서 로스팅 공장을 운영하던 커피그래피티. 평소 온라인에서 그래피티의 커피를 자주 구매하거나 그래피티 커피를 좋아하는 사람들이 매장에서 커피를 직접 시음해보고, 취향에 맞는 원두를 만날 수 있었으면 하는 취지로 쇼룸을 기획했다. 그래피티의 연남동 쇼룸은 연남동 메인 스트림에서는 조금 벗어난 곳에 위치해 있다. 유동인구가 높은 경의선 숲길이나 동진시장에 인접한 곳이 아니라 그보다 조금 한적한 건물 안쪽에 자리 잡고 있었다.

그래도 찾아가기 수월한 곳

연남동 메인 거리에 비해 조금 외진 곳에 위치해 있긴 하지만, 선유도와 비교했을 때, 접근성은 매우 향상되었다고 느껴졌다. 번화가에서 3~4분 정도만 조금 더 걸어가면 금방 찾을 수 있다. 2011년 연남동 인근에 홍대입구역 공항철도가 들어서면서 연남동은 내국인 손님뿐만 아니라 외국인 손님 또한 많이 찾는 핫스폿이 되었다. 다양한 산지의 귀하고 상대적으로 희소한 원두를 취급하는 그래피티의 쇼룸은 내국인과 외국인 모두 방문하기 좋은 적절한 위치였다. '전

세계 커피애호가들이 한국에 올 때면, 한 번쯤 들르는 곳이 되길 바란다'는 이종훈 대표의 생각이 입지에도 잘 반영되고 있었다.

연남동에서 하는 커피 산지 투어

커피그래피티 인근 음식점들의 평균 식사 가격은 11,400원 수준이며, 커피 가격은 식사 가격의 약 43%인 4,900원에 형성되어 있다. 커피그래피티의 아메리카노는 5,000원이지만, 대부분의 손님들은 가격대가 높은 이곳만의 특별한 커피를 주문한다. 그래피티는 다양한 가격대의 우수한 커피를 제공하고, 현지에서 마시는 방법을 소개하는 등 소비자들에게 특별한 커피 경험을 선사하고 있다.

주변 카페 기본 메뉴 평균가	본 카페 기본 메뉴 평균가	주변 식사 메뉴 평균가
4,900원	5,000원	11,400원

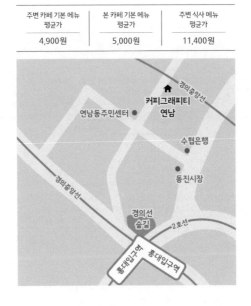

입지

웨스틴 조선 호텔 건너편
북창동 골목에 위치. 오래된 건물들이 즐비한
정비되지 않은 좁은 골목.

공간

뉴욕 뒷골목의 재즈 바 같은 느낌을
자아내는 공간. 유니폼을 입지 않은
바리스타의 모습이 자유분방해 보여도
그들만의 각이 잘 잡혀있는 곳.

개성

직접 블렌딩한 우유로 폭신한 거품과
은은한 단맛이 매력적인 라떼를 만드는 곳.

12

뒷골목에서 즐기는 특별한 라떼

커피 스니퍼

"일상에서 쉽게 놓치고 있는 것들이
우리에게 행복을 가져다 줄 수
있다는 걸 전하고 싶었어요.
평범한 커피 한 잔이지만, 조금만 신경쓰면
이렇게 특별한 라떼가 되잖아요.."

COFFEE GRAFFITI

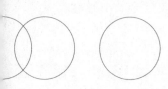

늦은 밤 SNS를 보는데 유독 눈에 띄는 글 하나가 있었다. 2017 월드 라떼아트 챔피언십 국가대표인 원선본 바리스타가 근무하는 카페의 라떼가 일품이라는 내용이었다. 매장은 회사에서 멀지 않은 북창동에 있었다.

다음날 점심시간, 지도를 켜고 카페를 찾았다. 웨스틴 조선 호텔 건너편, 부영 호텔 공사장 근처인 북창동에 위치해 있었다. 오래된 건물들이 즐비한 정비되지 않은 좁은 골목. 조금 의아했다. 사진 상으로는 분명 젊음이 흐르는 세련된 곳이었는데 북창동 뒷골목에 그런 카페가 정말 있을지 가늠이 되지 않았다.

골목을 들어가니 커피 스니퍼라는 작은 입간판이 보였다. '커피 스니퍼'는 1700년대 후반, 독일에서 커피를 마시는 사람을 규제하던 사람을 지칭하는 단어였다고 한다. 카페 '커피 스니퍼'는 정부가 규제해도 몰래 숨어서 커피를 마시던, 커피 애호가들의 마음에서 영감을 얻어 지은 이름이라고. 가게는 커피 스니퍼에게 들키지 않을 만큼, 조용한 골목 뒷자락에 자리 잡고 있었다.

커피가 좋아하는 커피

　문을 열고 들어가니 동네와 전혀 다른 분위기의 공간이 펼쳐졌다. 뉴욕 뒷골목의 재즈바 같은 느낌이었다. 직원들은 유니폼을 입지 않아 자유분방해 보였지만, 나름의 각이 잘 잡혀 있었다. 카페 내부 구조도 독특했다. 가운데 커다란 바를 두고 나지막한 의자들을 바와 나란히 길게 배치했다. 바리스타와 손님과의 거리를 조금 더 가깝게 하려는 의도 같았다. 젊은 사람들이 주요 타깃인 듯 보였지만, 주변을 둘러보니 중장년층의 어르신도 은근히 많았다. 나이 지긋한 손님들의 마음마저 사로잡은 이곳의 비기는 무엇일지 궁금했다.

　카운터로 가서 메뉴를 고민하다 스니퍼라떼를 선택했다. SNS에서 많은 사람이 강력히 추천하던 메뉴였다. 주문을 하고 앉아 커피바를 바라보니, 열심히 일하는 바리스타들의 모습이 보기 좋았다. 카페 인테리어의 완성은 역시 바리스타였다.

라떼가 나왔다. '특별한 이유가 무엇일까?' 궁금함을 안고 커피를 한 모금 마셨다. 예상치 못한 맛이었다. 우유 거품은 폭신하고 은은하게 단맛이 났다. 시간이 지나도 거품은 사라지지 않았는데 과연 국가대표의 라떼다웠다. 맛과 촉감을 모두 만족시켜주는 라떼였다.

"두 가지 우유를 블렌딩해 폭신함과 단맛, 향미를 끌어올렸어요. 거기에 단맛을 내는 약간의 부재료도 들어갔고요."

신은수 대표의 말을 듣고 조금 의아했다. 커피를 블렌딩하는 건 몰라도, 우유를 블렌딩한다는 이야기는 처음 들었다. 굳이 왜 그렇게 해야 할까? 내 의아한 마음을 눈치챈 신 대표는 이야기를 이어나갔다.

"해외에서 바리스타로 근무했을 때였어요. 외국의 우유는 한국의 우유보다 밀도가 조금 더 묵직하더라고요. 한국 우유는 단독으로 마시기에는 좋은데, 라떼로 만들 때는 조금 더 밀도가 있으면 좋겠다고 생각했어요. 시판되는 제품에서는 찾을 수가 없어 결국 저희가 만들어 쓰기 시작했죠."

커피 스니퍼만의 신비한 라떼 맛의 비결을 조금은 알 수 있을 것 같았다. 내친김에 궁금증을 더 풀기로 했다.

"이렇게 세련된 카페를 왜 북창동에 오픈하시게 된 거예요?"

1	
2	

1 살짝 열린 창문을 통해 매장 안을 엿볼 때 커피 스니퍼가 된 듯한 기분이 든다.

2 직접 블렌딩한 우유를 사용해 추출한 커피 스니퍼의 스니퍼 라떼

1   빈티지한 느낌이 물씬 나는
    커피바 위의 소품들

2   입구 한 쪽에 진열되어 있는
    커피 스니퍼 원두와 굿즈

3   중앙의 주문 공간을 기준으로
    효율적인 동선이 돋보이는
    'ㄷ'자 형태의 커피바

4   로스팅 되고 있는 원두들

"원래 이곳에 오픈하려던 것은 아니었어요. 처음 봐두었던 자리가 아쉽게 무산되고 이곳에 자리가 나왔다는 이야기를 듣고 보러 오게 되었죠. '남양다방'이 있던 자리라고 했어요. 와서 보니 오래된 다방이 있던 자리인 점도 좋았고, 뒤에 커다란 먹자골목이 있는 것도 마음에 들었어요. 골목 앞쪽으로 회사들이 많은 것도 좋았고요. 이렇게 다양한 사람들이 모여드는 곳이라면, 저희의 꿈을 잘 펼쳐볼 수 있을 것 같았어요."

꿈이 무엇이었냐 묻자 신 대표는 차분히 대답했다.

"저희는 커피를 매개로 사람들에게 다가가고 싶었어요. 일상에서 우리가 쉽게 놓치고 있는 것들. 그것들이 우리에게 행복을 가져다 줄 수 있음을 조금 특별하게 전하고 싶기도 했고요. 평범한 커피 한 잔이지만, 조금만 신경쓰면 이렇게 특별한 라떼가 되잖아요."

신 대표의 이야기를 들으며 어쩌면 이런 것들이 소위 말하는 소확행소소하지만 확실한 행복 일지도 모르겠다는 생각이 들었다.

동행했던 아버지도 이 집의 라떼가 만족스러우셨던 모양이었다. 산미와 감미가 부드럽게 어우러진 라떼도 좋았고, 조심스레 컵을 건네던 바리스타의 배려도 마음에 드셨던 것 같았다. 커피를 마시고 나오는 길, 아버지께 감상을 살짝 여쭤보았다.

"젊은 사람들 취향의 카페라서 불편하지는 않으셨어요?"
"저 친구들이 참 즐겁고 자유로워 보였어. 유니폼을 입지 않고 편안하게 일을 하는데도 열중하는 자세가 흐트러지지 않더구나. 자유롭지만, 열

우리가 좋아하는 커피 공간

심인 모습들이 참 보기 좋았단다. 어쩌면 직장인들이 꿈꾸는 '자유'의 단면이 이곳에 있어, 젊은 사람들뿐만 아니라 중장년층도 이곳에서 매력을 느끼는 것이 아닐지 모르겠구나.”

아버지의 말씀이 맞았다. 자유로운 분위기 속에서도 즐겁게 웃으면서 일하던 이들의 모습은 누가 봐도 기분 좋은 에너지를 건네고 있었다. 이들의 정성이 담긴 커피를 마시고 있노라면, 오늘은 조금 특별한 하루를 보낸 것 같았으니까. 규제하더라도 커피를 마셔야겠다는 사람들의 애정과 열정. 커피 스니퍼가 있던 시대를 살던 커피애호가들의 마음이 잘 녹아있어, 스니퍼는 남녀노소를 불문하고 사랑받는 것 같았다. 이들의 주력 상품은 커피이기도 했지만, 열정이기도 했다.

먹자골목 속에 숨은 멋진 카페, 커피 스니퍼

🏠 서울 중구 세종대로16길 27 남양빌딩 1층 102호

◎ @koffee.sniffer

먹자골목 속에 자리 잡은 카페

오픈 소식만 들었을 땐 북창동과 개성 있는 카페가 잘 연결되지 않았지만, 직접
가보니 고개가 끄덕여지는 입지였다. 대기업과 한국은행이 둘러싸고 있는 북
창동 먹자골목. 맛집은 많지만, 그에 비해 카페는 현저히 적었다. 맛있는 커피
에 대한 수요는 풍부했지만 공급은 적었던 셈이다. 커피 스니퍼가 문을 연 후,
얼마 지나지 않아 직장인들 사이에서 사무실 근처의 힙한 카페로 입소문이 나
기 시작했다. 그렇게 점심 식사를 마친 후, 돌아가는 길목에 커피 스니퍼에 들러
달콤한 스니퍼 라떼를 테이크아웃해가는 사람들이 늘어났다.

높은 식사 가격대에 비해 상대적으로 저렴하고 맛있는 커피

커피 스니퍼 인근 음식점의 평균 식사 가격은 11,800원 수준으로, 일반 오피스
지역보다 식사 가격이 조금 높게 형성되어 있다. 음식점들의 업종분포도를 살
펴보면 밥집 외에도 가격대가 높은 복어집, 일식집들이 많이 자리해 있다는 것
을 알 수 있다. 주변의 카페는 주로 대형 브랜드 카페들이 많았고, 기본 메뉴인
아메리카노가 식사 가격의 34%인 4,000원에 형성되어 있다. 커피 스니퍼는

주변 카페의 평균 가격과 비슷한 가격대에서 남다른 감각으로 소비자의 마음을 사로잡고 있었다.

달달한 커피의 매력

맵고 짠 식사를 마친 후에는 '적당히 달달한 맛'의 커피를 찾게 된다. 커피 스니퍼의 시그니쳐 메뉴인 스니퍼 라떼는 조금 달콤한 맛으로 북창동 식당가의 음식들과 조화를 이룬다. 덕분에 한 번 방문한 직장인들이 식사 후, 동료들을 데리고 두 번, 세 번 재방문하는 덕에 손님들의 발길이 끊이지 않고 있다.

주변 카페 기본 메뉴 평균가	본 카페 기본 메뉴 평균가	주변 식사 메뉴 평균가
4,000원	4,000원	11,800원

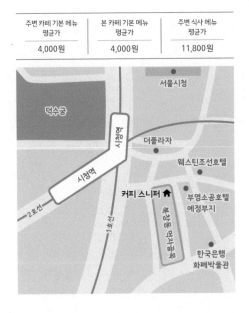

입지

도심에서 가까운 오아시스,
작은 풀숲과도 같은 동네 원서동.

공간

현대적이면서도 한옥의 문법을 차용해
동네와 어우러지는 공간.

개성

획일화된 메뉴판 대신, 손님이 직접 작성한
주문서에 맞춰 취향에 맞는 메뉴 제공.

13

1인 카페의 정석

텍스트 커피

"좋아하는 동네에서 좋아하는 커피를
내렸더니 비슷한 취향을 지닌 손님들께서
꾸준히 찾아주세요."

TXT Coffee

○ ⊙⊙⊙⊙

정신없이 오전을 보내고 점심시간이 되었다. 생각을 차분히 가다듬을 만한 곳은 없을까? 풀도 보이고 나무도 보이고 시원한 바람이 머리를 스치는 곳. 그런 한적한 곳에서 잠시 쉬고 싶었다. 문득 떠오른 곳이 있었다. 창덕궁 인근, 원서동에 위치한 텍스트 커피TXT Coffee. 그곳이라면 조용히 머리를 식힐 수 있을 것 같았다. 회사에서 걸어가기에는 조금 먼 것 같아, 택시를 타고 원서동으로 향했다. 광화문에서 9분 남짓 되는 거리였다. 카페는 안국역에서 계동 현대 사옥을 지나 창덕궁 방향으로 들어가는 골목 끝자락에 위치해 있었다. 안국역보다는 중앙고등학교에 더욱 가까운 곳. 왜 이렇게 안쪽에 자리를 잡은 것일까? 궁금한 마음에 이수환 대표에게 물어보았다.

"왜 이렇게 외진 곳에 카페를 차리셨어요?"

"이 동네에서 자주 산책을 하곤 했어요. 걸을 때마다 동네의 정취가 참 좋더라고요. 카페를 열면 하루 종일 그곳에만 머물러야 하는데, 이왕이

1   돌담과 전통 가옥이 많은 골목길과 조화를 이루는 텍스트 커피

2   매장 앞에서 바라본 원서동 골목의 고즈넉한 풍경

면 제가 좋아하는 동네에서 좋아하는 커피를 나누고 싶었어요."

상권을 분석하는 시각에서 바라보면 갸우뚱할 법한 이야기였
다. 유동인구가 많지 않고, 접근성도 훌륭하지 않은 곳에 사람들
이 꾸준히 유입될 수 있을까? 안국역 초입에 프릳츠나 어니언과
같은 유명하고 힙한 카페들이 이미 포진해 있는 상황에서 말이다.
어떤 매력을 갖춰야만 사람들을 안쪽까지 끌어들여 이 외진 골목
에서 안정적으로 카페를 운영할 수 있을까?

사람이 모이지 않을 것이라던 우려와 달리, 골목의 작은 카페는
북적이고 있었다. 점심시간에 짬을 내고 온 듯한 현대그룹 직원들
과 동네 사람들, 나처럼 일부러 찾아오는 손님과 외국인 손님들도
있었다.

"제가 좋아하는 동네에서, 좋아하는 커피를 팔고 있으니까 저와 비슷한
취향을 지닌 분들께서 알음알음 찾아오시더라고요. 광화문에서 여기까
지 택시 타고 오시는 분들도 꽤 있어요"

주문을 하려고 두리번거리는 내게 이 대표는 커피바 밑에 있는
서랍 1번 칸에서 종이를 뽑아 주문서를 작성해 달라고 말했다. 메
뉴판의 정해져 있는 메뉴를 그대로 고르는 것이 아니라, 손님이
주문서를 직접 작성하는 시스템이었다. 1인 카페를 효율적으로
운영하기 위해 고안해낸 방법이었다.

주문서를 자세히 살펴보았다. '따뜻한 또는 차가운' 중에 하나
를 선택하고, '브루잉 또는 에스프레소*' 중에 하나를 선택하게 되

우리가 좋아하는 커피 공간

어 있었다. 브루잉 커피를 골랐고, 어떤 원두가 좋을지 몰라 고민하고 있는데 그 옆에 비치된 세부 주문서가 보였다. 세부 주문서에는 맛에 관한 취향을 적도록 되어 있었다. 신맛은 중간 정도, 단맛은 높게 표시하니 에티오피아 게뎁 부투차Ethiopia Gedeb Butucha를 추천했다. 주문서는 섬세했지만 복잡하지 않았다. 만드는 사람 입장에서 쓴 전형적인 주문서가 아니라 마시는 사람의 취향을 배려한 주문서였다. 무엇보다 어려운 단어가 없으니 좋았다.

'직접 작성한 주문서와 그에 맞춰 제조한 음료' 텍스트 커피는 컴퓨터 파일에 하나하나 파일명을 붙이듯, 고객의 커피 취향을 담은 텍스트 파일text file을 쌓아가고 있었다. 커피를 만나는 마지막 단계를 고객이 직접 완성했으면 좋겠다는 마음을 담은 것이었다. 나만의 커피 한 잔을 마실 수 있는 곳, 텍스트 커피는 그 이름이 잘 어울리는 곳이라는 생각이 들었다.

커피를 주문하고, 주위를 둘러보니 공간의 군더더기가 없었다. 더퍼스트펭귄에서 디렉팅하며 화제가 되었던 곳답게 동네와 조화를 이루면서도 효율적으로 만들어진 공간이었다. 세련된 진녹색을 주로 사용했지만 나무의 일정한 짜임을 강조하는 등, 한옥적인 문법 사용으로 주변과 이질감이 들지 않았다. 특히 정중앙에

● **브루잉**Brewing 분쇄한 원두에 물을 직접 부어 커피를 추출하는 방식. 영어권 국가에서는 대개 핸드드립(Hand-Drip) 커피가 브루잉(Brewing) 커피로 통한다. 따라서 핸드드립 커피로 이해하면 쉽다.

에스프레소Espresso 분쇄한 원두에 물과 압력을 가해 추출한 커피 혹은 추출 방식. 에스프레소 머신으로 추출한 커피를 말한다. 브루잉 커피보다 농도가 진하고 묵직한 질감이 특징이다.

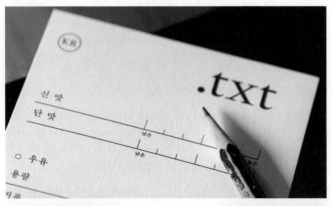

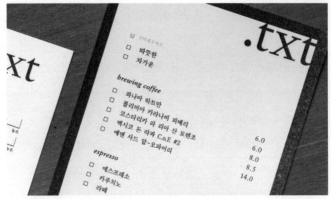

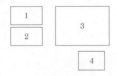

1	
2	3
	4

1 2 맛과 온도, 원두의 종류 등 원하는
커피를 세심하게 고민하고 고를 수
있도록 한 텍스트 커피 주문서

3 커피바 벽면 한가운데에 창문을 내어
안팎에서 차경을 즐길 수 있다.

4 빠르게 물줄기를 조절하며 브루잉 커피를
내리는 이수환 대표

위치한 커다란 창문은 이곳의 매력을 더하고 있었다. 창을 활짝 열어 젖히면 대청 마루에서 밖을 내다보는 것처럼 '차경*'을 즐길 수 있었다. 밖을 바라보고 있는 내게 한옥과 비슷한 느낌을 살리고자 실리콘 사용은 최대한 배제하고 모든 것을 나무로만 덧대었다고 이 대표는 덧붙였다. 동네를 좋아하는 사람이 만든 공간이어서 그런 것일까? 이 작은 공간은 원서동 골목의 맛을 잘 살려내고 있었다.

가게 내부 동선도 효율적이었다. 벽면을 차지한 촘촘한 선반에 한 번 사용할 만큼의 원두만 실린더에 담아 보관하고 있었다. 주문서를 수령한 이 대표는 선반에서 찾은 원두를 분쇄해 커피를 내렸다. 빠르고 정확했다. 물줄기도 거침이 없었다. 거침없으면서도 너무 과감히 물을 붓는 모습을 보며 슬며시 불안한 마음도 들었다. '과추출이 되어 맛이 떨떠름하면 안 되는데.' 이런 내 마음을 아는지 모르는지 이수환 대표는 개의치 않고 차분하게 커피한 잔을 건네주었다.

"오호라. 이것 참 맛있네."

주문서에 표기했던 대로 살짝 산미가 있으면서도 단맛이 좋은 커피였다. 복잡하게 설명할 필요 없이 딱 내 취향에 맞는 커피였다. 이 대표는 커피 한 잔에 15g의 원두를 사용한다고 했다. 1회

● **차경**借景 주위의 풍경을 그대로 빌려 경관을 구성하는 기법

추출당 평균 원두 사용량이 보통 18~20g인데 그것보다 원두를 적게 사용하니 원가가 줄어들면서도 떫은 맛까지 잡을 수 있었다. 그러면서도 밍밍하지 않고 깔끔한 맛이었다. 원두의 분쇄도와 물의 양을 적절히 맞추어 적정량의 원두로 최적의 효율을 내고 있었다. 깔끔한 커피의 뒷맛이 인상적이어서 혹시 커피콩을 따로 솎아내는 작업인 피킹Peaking 을 하는 것인지 궁금했다.

"1인 매장이어서 피킹까지는 직접 못해요. 대신에 피킹이 잘 되어 있는 좋은 생두를 사오죠."

고개가 끄덕여졌다. 1인 매장은 지치기가 쉬운 법이다. 하나부터 열까지 모든 것을 내가 다 하려고 하면 완성도는 올라가지만 오래 지속하기는 쉽지 않다. 텍스트 커피는 그런 한계를 예상하고, 대안을 준비하며 자신의 속도에 맞춰 차분히 운영되고 있었다. 주문 방법을 간소화하고 원가를 절감하는 등 다양한 방법으로 효율을 높이는 한편, 내가 할 것과 도움 받아야 할 것을 분별하고 있었다. 필요에 따라서는 카페의 운영 철학을 잘 이해하는 전문적인 파트너와 함께하고 있었다. 보이지 않는 좋은 파트너들과 함께하며 자신만의 색깔로 차분히 걸어가는 것. 그것이 텍스트 커피의 비결인 것 같았다. 감히 1인 카페의 정석이라 말할 수 있는 공간이었다.

Insight

1인 카페를 한다면 이런 곳에, 텍스트 커피

🏠 서울 종로구 창덕궁길 121

📷 @txtcoffee

좋아하는 동네에서 시작하기

'1인 카페는 하루 종일 혼자 있어야 하는 공간이고, 그러다 보니 가장 좋아하는 동네를 택했다'는 대답이 다소 낭만적으로 들렸다. 하지만 곰곰이 다시 생각해보니 이것은 꽤 중요한 부분이었다. 혼자 오래오래 가게를 운영해나가려면, 지치지 않는 것, 지쳤을 때 좋아하는 것을 보고, 듣고, 즐기며 휴식할 수 있는 시간도 분명 필요하다. 좋아하는 공간에서 좋아하는 일을 한다면 최소한 아침 출근길은 즐거워질 것이고, 이는 하루하루를 지속할 수 있는 원동력이 될 것이다.

동네 평균가보다 조금은 비싸도

텍스트 커피 인근 음식점의 평균 식사 가격은 9,100원 수준이다. 카페들의 기본 메뉴인 아메리카노는 식사 가격의 55%인 5,000원에 형성되어 있다. 일반적으로 카페 음료 가격이 식사 가격의 절반을 넘지 않는 것을 고려해 볼 때, 이동네는 커피 가격이 식사 가격 대비 조금 높은 편이었다. 손님들의 취향에 맞춰 제공하는 특성 때문에 텍스트 커피는 인근 카페의 평균 가격보다 약 1,000원 높은 6,000원부터 브루잉 커피를 제공하고 있다. 가격이 높은 것이 아닌가

우리가 좋아하는 커피 공간

싶지만 만약 가격을 낮춰 회전 수를 높였다면, 혼자 손님을 맞이하느라 바쁘고 분주해져 페이스를 잃을 수도 있을 것이다. 텍스트 커피는 자신의 고유성을 잘 이해하고, 특성에 걸맞은 입지와 가격 정책을 활용하고 있었다.

찾고 싶은 공간

공간이 넓지 않아 앉아서 마실 자리도 부족하고, 바리스타 한 사람이 자리를 지키기 때문에 커피가 빨리 나오지도 않는데 사람들은 왜 이곳을 찾는 것일까? 매일매일 지나다 들리는 곳이 아니라, '찾아가는 곳'이기 때문이다. 도심 속 오아시스 같은 이 동네의 한적함이 좋아서, 나의 취향에 맞는 커피를 만나는 것이 좋아서, 사람들은 원서동 안쪽까지 발길을 마다하지 않고 있었다.

주변 카페 기본 메뉴 평균가	본 카페 기본 메뉴 평균가	주변 식사 메뉴 평균가
5,000원	6,000원	9,100원

입지

광화문역 초입, 서울역사박물관 맞은편
콘코디언빌딩(구.금호아시아나 사옥)에 위치.

공간

빌딩 1층 입구의 로비와 분리되면서도
연결되는 절묘한 자리, 탁 트인 창밖의
도심 속 가로수가 휴식을 선사하는 공간.

개성

기본에 충실한 베이글과 커피로
가성비를 넘어 가심비를 충족시켜주는 곳.

14

광화문에서 아침을
포비브라이트

"마진을 적게 가져가는 대신, 많이 팔면 돼요.
커피는 일상에서 마시는 음료인데
너무 비싸면 매일 마실 수가 없잖아요.
저희는 언제나 손님들의 일상에서 함께하고 싶어요."

FOURB BRIGHT

평소보다 조금 일찍 회사에 도착했다. 포비브라이트에서 이른 아침을 먹기 위함이었다. 포비브라이트는 옛 금호아시아나 사옥 로비에 있었다. 이제는 '콘코디언'이라는 다소 낯선 이름으로 바뀐 건물. 누군가 그랬지. 대기업 사옥 로비는 물만 뿌려도 반짝반짝 빛이 난다고. 옛 금호아시아나의 사옥이 그랬다. 500년 대계를 바라보며 만든 건물. 시간이 지나도 세련되고 빛이 나는 건물이었다. 비록 금호는 떠나갔지만, 1층 로비에 포비브라이트가 입점했다.

정문으로 들어가니, 우측에 포비가 보였다. 로비와 연결되면서도 분리되고 있는 자리. 절묘한 위치였다. 시원한 유리창 사이로 빛이 환하게 들어왔다. 카페 좌측 벽면의 대나무가 햇살과 어우러져 포근함이 느껴졌다. 도시적이고 세련된 건물에 포비가 온기를 살짝 더해주고 있었다. 포비는 자연스럽게 건물에 녹아들며 오피스 1층에서 사람들을 맞이하고 있었다. 새로운 형태의 컨시어지*였다.

오늘 더 좋아하는 게 나올

주문을 하려고 커피바에 섰다. 메뉴판을 보고 놀랐다. 소다와 핸드드립을 제외한 대부분의 메뉴가 3,800원이었다. 기본이 되는 룽고아메리카노 뿐만 아니라, 우유가 들어간 라떼, 플랫 화이트도 모두 동일했다. 매일 커피를 마시는 직장인들의 주머니를 배려한

● **컨시어지**Concierge 호텔이나 우량건물의 프론트 및 로비에서 손님을 맞이하고 안내하는 사람이나 일 자체를 일컫는다.

1   브루잉 커피를 추출하는 모습

2 3   라떼를 만드는 모습

4   포비의 시그니쳐 메뉴, 베이글

5   베이글과 함께 곁들이면 좋은 다양한 종류의 크림치즈

6   속을 든든하게 채워 주는 베이글, 크림치즈, 라떼

가격이었다. '맛있는 커피를 합리적인 가격에'라는 포비의 정체성
을 가장 잘 구현한 매장이었다.

"퀄리티 대비 가격이 저렴한 것 아니에요?"
**"마진을 적게 가져가는 대신, 많이 팔면 돼요. 커피는 일상에서 마시는
음료인데 너무 비싸면 매일 마실 수가 없잖아요."**

우려 섞인 질문에 박영진 대표는 너그러운 웃음으로 대답했다.
포비의 대표 메뉴인 베이글과 크림치즈, 플랫 화이트를 주문하
고 자리에 앉았다. 플랫 화이트를 한입 마시니 기분 좋은 산미가
살짝 올라왔다. 고소한 우유와 커피가 적절한 비율로 섞여 딱 좋
았다.

베이글은 겉은 바싹하고 안은 촉촉하게 잘 구워져 있었다. 크랜
베리가 가득 든 크림치즈를 듬뿍 얹었다. 나이프로 쓱싹 펴 바른
후 한입 가득 베어 물었다. 아! 졸린 눈을 비비고, 일찍 나온 보람
이 있었다. 달콤하면서도 고소한 크림치즈와 잘 구워진 베이글의
조합이 훌륭했다. 커피로 입가심을 해주니 마지막 한입까지 깔끔
히 마무리되었다.

만족스러운 아침을 먹고 일어나 매장을 둘러보았다. 4년 전 광
화문 D타워에서 처음 만났던 포비. 그들은 시간을 다지면서 탄
탄히 발전하고 있었다. D타워를 필두로 합정, DMZ, 콘코디언까
지 개별 지점의 개성을 살리며 성장하고 있었다. D타워와 합정이
좀 더 다양한 메뉴를 즐길 수 있는 프리미엄 매장이었다면, 이곳
콘코디언은 메뉴를 간소화하고 부담 없이 즐길 수 있는 일상 공

간이었다. 다양한 카페 프랜차이즈들이 우후죽순 생겨났다가 폐업하는 가운데서도 포비는 꾸준하게 앞으로 나아가고 있었다. 이들은 불황의 시대에 어떻게 카페를 운영해야 하는지 잘 알고 있었다.

사업 환경이 나빠지는 저성장, 불황의 시기에도 소비자의 입맛은 여전히 까다롭다. 매일의 소비가 제한되기 때문에 사람들은 좋은 상품을 합리적인 가격에 만나길 원한다. 포비는 그런 소비자의 수요를 정확히 읽고 있었다. 커피와 베이글의 가격은 합리적이었지만 퀄리티는 우수했다. 이들은 정성껏 만든 커피와 베이글을 세련된 공간에서 합리적인 가격에 제공하고 있었다. 시간과 함께 축적된 노하우로 가성비를 넘어 가심비까지 만족시켜주고 있었다.

좋은 오피스들이 대거 스타벅스를 모셔갔던 시절이 있었다. 물론, 지금도 스타벅스의 입지는 견고하다. 불황의 터널을 견뎌야 하는 5년 뒤, 10년 뒤는 어떻게 변할까? 조금 궁금해졌다. 스타벅스도 좋지만, 오피스 로비에서 따스히 사람들을 맞이해주는 포비도 좋았다. 환한 공간과 기본에 충실한 음료와 빵으로 소소하지만 충분한 만족을 제공하는 포비는 소비자들의 마음을 사로잡으며 스타벅스의 좋은 경쟁자가 될 수 있을 것 같았다.

오피스 직장인들의 동반자, 포비

🏠 서울 종로구 새문안로 76 콘코디언 빌딩 1F (광화문점)

📷 @fourb.hours

CBD에 집중 포화된 포비

포비의 매장 가운데 세 곳은 CBD(중심상업지구)인 광화문과 을지로에 위치해 있다. 광화문 D타워점 포비에서 광화문 포비브라이트까지는 도보로 약 10분 이 소요되고, 광화문 D타워점에서 을지로 포비브라이트까지는 도보로 15분 가량 소요된다. 바쁜 오피스 상권의 특성상, 커피 한 잔을 마시기 위해 회사에 서 멀리 떨어진 카페를 찾아가기란 쉽지 않다. 스타벅스 매장이 건물마다 인접 하게 위치해 있는 것과 비슷한 이치이다. 포비는 CBD 내 주요 오피스 건물들에 집결해 해당 권역 내 직장인들이 쉽게 찾아올 수 있도록 했다. 이러한 매장 집 결 전략은 브랜드의 이미지를 높이고 인력 및 재료의 수급을 용이하게 만들어 줬다.

오피스 직장인들의 동반자

콘코디언 빌딩 로비 1층에 위치한 포비브라이트는 평일 7시 30분에 오픈해, 저 녁 8시 30분에 마감한다. 주말에는 10시에 오픈해, 저녁 7시에 마감한다. 8시 에 출근하는 직장인들을 고려해, 포비는 30분 앞서 로비에서 그들을 맞이하고

있다. 향긋한 커피향과 고소한 베이글을 제공하는 포비는 이 근방 직장인들의
아침을 상쾌하게 만들어주고 있다.

다양한 음료의 가격대를 동일하게

광화문 인근 직장인들이 점심을 먹고 커피를 마실 때에는 하나의 패턴이 있다.
한 사람이 점심 값을 내면, 다른 한 명이 커피값을 낸다. 누군가와 함께 마시는
커피는 너무 저렴한 것도, 너무 비싼 것도 곤란하다. 또한 메뉴 가격의 편차가
적을수록 부담이 덜한 법이다. 포비 브라이트는 그러한 손님들의 마음을 읽어
대부분의 메뉴를 3,800원으로 책정했다. 세련되고도 편안한 공간에서 누가
어떤 커피를 주문해도 좋은 커피를 부담 없는 가격에 즐길 수 있다는 것이 큰 매
력이다.

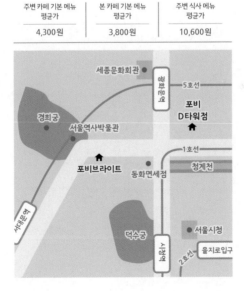

주변 카페 기본 메뉴 평균가	본 카페 기본 메뉴 평균가	주변 식사 메뉴 평균가
4,300원	3,800원	10,600원

우리가 좋아하는 커피 공간

초판 1쇄 발행일 2020년 9월 15일
초판 2쇄 발행일 2022년 4월 25일

지은이 박지안

발행인 윤호권
사업총괄 정유한

편집 정경미 **디자인** 양혜민 **마케팅** 정재영
발행처 ㈜시공사 **주소** 서울시 성동구 상원1길 22, 6-8층(우편번호 04779)
대표전화 02-3486-6877 **팩스(주문)** 02-585-1755
홈페이지 www.sigongsa.com / www.sigongjunior.com

글 ⓒ 박지안, 2020 | 사진 ⓒ 김대현, 2020

ISBN 979-11-6579-215-2 03590

*시공사는 시공간을 넘는 무한한 콘텐츠 세상을 만듭니다.
*시공사는 더 나은 내일을 함께 만들 여러분의 소중한 의견을 기다립니다.
*미호는 아름답고 기분좋은 책을 만드는 ㈜시공사의 실용 브랜드입니다.
*잘못 만들어진 책은 구입하신 곳에서 바꾸어 드립니다.